最强大脑

杨易

教你唤醒孩子的

数学脑

杨 易——著

中国妇女出版社

图书在版编目（CIP）数据

最强大脑杨易教你唤醒孩子的数学脑 / 杨易著. ——
北京：中国妇女出版社，2020.6
ISBN 978-7-5127-1859-3

Ⅰ.①最… Ⅱ.①杨… Ⅲ.①数学-少儿读物 Ⅳ.
①O1-49

中国版本图书馆CIP数据核字（2020）第065638号

最强大脑杨易教你唤醒孩子的数学脑

作　　者：杨 易 著
责任编辑：门 莹
封面设计：尚世视觉
责任印制：王卫东
出版发行：中国妇女出版社
地　　址：北京市东城区史家胡同甲24号　　邮政编码：100010
电　　话：（010）65133160（发行部）　　65133161（邮购）
网　　址：www.womenbooks.cn
法律顾问：北京市道可特律师事务所
经　　销：各地新华书店
印　　刷：北京中科印刷有限公司
开　　本：165×235　1/16
印　　张：13.5
字　　数：200千字
版　　次：2020年6月第1版
印　　次：2020年6月第1次
书　　号：ISBN 978-7-5127-1859-3
定　　价：59.80元

2018 年，我受《最强大脑》节目组邀请，担任"最强队长"，成为杨易比赛战队的队长，和他一起经历了整个比赛过程，也见证了他如何一步步晋级，最终摘得"脑王"桂冠的过程。

　　在那一届的《最强大脑》节目比赛现场，杨易是场上发挥特别稳定的一位选手，于是大家送给他一个称号——"中国战队定海神针"。杨易属于竞技型的选手，无论比赛如何紧张，他都能让自己一直保持稳定发挥的状态。

　　他和英国剑桥大学选手"龙王"安德鲁比拼的那一场，给我的印象特别深刻。一上场，安德鲁就找到了一种很好的解题策略，率先取得了前两局的胜利。当时的形势对杨易非常不利。但到了第三轮比赛，我惊喜地发现杨易破解了对手的解题策略，并且从速度上压倒对手，最后反败为胜，赢下那一局。

　　在《最强大脑》这种高压力、高强度的比赛中，杨易能在处于劣势的情况下，冷静分析对方的优势，弥补自己的劣势，从对方身上吸取经验，沉着冷静地应战，打对方一个措手不及，这种素质让我非常佩服。

　　杨易是一名名副其实的学霸，他是北京市通州区高考理科状元，从清华大学毕业后，选择成为一名小学数学老师。数学是杨易最擅长的学科，而《最强大脑》节目中很多比赛题型都与数学的逻辑推理有关。因此，数学好的选手，在《最强大脑》的比赛中会有一定的优势。这种优势影响的不仅是解题方法和解题思路，更是一种冷静和理性的心态。在杨易参加的每一场比赛中，我都会发现他用数学的思维方式、数学的探索精神去解决困难、突出重围。

在某个比赛环节中，当他发现对手能很顺利地领先时，就立刻联想到肯定是自己的解题方法出了问题，于是快速调整，迅速找到问题的最优解答方法，跟上对手的节奏，最后反超对手。

在《最强大脑》的比赛中，每位选手都有自己的优势和劣势，要想获得最终的胜利，就要学会承受暂时的失败。一直以来，日本选手整体的速算能力都很强，杨易和日本选手、亦是速算高手的森海渡进行了一场速算比赛，虽然杨易并不占优势，但他依然竭尽所能，发挥出自己该有的水平，现场令人动容。无论比赛输赢，他时刻都能保持一种良好的竞技状态，不被结果所影响，继续战斗，这种心态值得所有人学习，我想这也是数学赋予他的力量。

我深耕记忆领域，而杨易是数学老师，从表面上看，我们两个人所从事的专业没有太多的关联，但当杨易邀请我给他人生中的第一本书写推荐序时，我很快答应了。因为我发现我们在很多问题上的认知是一致的。比如，我们都认为对孩子进行启蒙教育，很重要的一点就是让孩子对所学内容产生兴趣，给予孩子更多的成就感。就拿数学启蒙教育来说，如果孩子一接触数学就能学好，那固然是件很幸运的事，但并不是每一个孩子都能如此。当孩子在学习方面出现困难时，老师和家长要从正向去引导孩子，只要孩子在某一点上能取得一些成绩，就应该鼓励他，让他对数学充满信心。对于低龄的孩子来说，不必要求他每次都考100分，他对这个学科不排斥、不反感，愿意学、主动学，比考试得100分重要太多了。

另外，我一直觉得，老师在给低龄孩子进行启蒙教育时，要因材施教，一位好的启蒙老师对孩子一生的成长都将有很大的帮助。记得我上小学时，有一位同学数学学得不太好，相对于别的同学来说，他对数学这门学科的理解能力和吸收能力都比较弱，更不幸的是，他没有遇上一位好的数学启蒙老师。有一次，数学老师点名让他当着全班同学的面在黑板上解一道数学题，他没做出来，被老师狠狠地批评了一顿。在这之后，他对数学由不自信变成了恐惧，数学成绩越来越差。其实，孩子能不能学好数学，与天赋没有太大的关系，而与孩子是否能遇到一位好的数学老师息息相关。关于这方面的问题，杨易在书里做了很详细的阐述，建议大家深入、仔细地去阅读这一部分。

　　我向大家推荐这本书的另一个理由是，杨易很坦诚地分享了自己在各个阶段的学习方法和经验，这些都是很实在的干货。那些中、高考状元等所谓的学霸，在学习上都有一套自己的方法。孩子如果能按照学霸的方法去做，就可以避免踩坑、绕弯，成绩总会有所提高。杨易之所以能成为数学学霸，一定有他自己被验证过的好方法，这些方法对其他人肯定也有用。

　　杨易说他最大的成就感并不是今后能培养多少个奥数冠军，而是孩子因为他的课程或他的书而喜欢上数学这门课，对数学产生了兴趣；原来排斥、讨厌数学的孩子，也因为他的教学或者这本书，对数学产生热爱。这是杨易作为小学数学启蒙老师的远大梦想。他希望自己在未来的数学教学以及写作过程中，去更多挖掘孩子对数学的好奇心和探索欲，希望自己能成为一位让孩子发自内心喜欢的数学老师。

　　我从这本书里也看出，杨易正在非常认真、一步一步、踏踏实实地践行着自己的梦想，孜孜不倦地在数学教学领域探索，我相信他一定能实现自己的远大梦想！

世界记忆总冠军　王峰

在清华本硕连读毕业后，我告别了美丽的清华园，选择做一名小学数学老师。2018年，我经过重重选拔，参加了江苏卫视颇受欢迎的大型科学竞技节目——《最强大脑》第五季，荣膺那一季的"脑王"，并成为《最强大脑》节目诞生以来的第一个"脑王"。从那以后，清华、老师和脑王，这三个沉甸甸的标签便开始伴随着我。特别是"脑王"这个标签，让我被越来越多的人所认识，我这个小学数学老师，竟然也拥有了自己的一大票粉丝。

在很多人眼里，我是幸运儿，无论是学业还是工作，都一帆风顺。我仔细回想了自己的学习和求职经历，能取得目前这样的成绩，离不开扎实的数学功底。可以说，数学是我获得清华、老师和脑王这三个标签的敲门砖。

《最强大脑》的比赛情景至今仍历历在目，尽管比赛强度大、氛围紧张，但数学给我带来了一些先天的比赛优势，让我能一路排位靠前。

记得《最强大脑》的最后一场比赛中，我们整个团队的压力非常大，在输了第一局后，积分一下子就垫底了。如何在最后的关键时刻反败为胜？在做阿基米德十四巧板的项目时，队友们都不太擅长，而我充当了这个项目的核心人员。比赛前，我给其他三位队友做辅导，告诉他们每一条边的长度、每一个角的度数，帮助他们去理解这个项目的拼接方法。我告诉他们，互补的角和等长的边更容易拼接，这些数理基础知识让队友快速完成了这个项目。

第二个项目是立方合体，这是节目组公认最难的一个挑战。我当时运用数形结合、解析几何的方法，慢慢找到了感觉，成为这个项目中第一个完成挑战的选手。顶着巨大的压力，在关键时刻，我借助自己的数学功底，接连挑战两个项目都获得了成功，让我们的战队反败为胜。那一刻，我真心为自己感到骄傲。

很多人都觉得数学知识没什么用，在学校里学的数学，在日后的生活和工作中似乎很难用上。但是我并不这么认为，其实很多数学知识能帮助我们解决复杂的问题，培养我们的理性思维，让我们在强大的压力面前保持冷静。这是我参加《最强大脑》节目挑战后最大的感触。

参加完比赛后，我一直在思考一件事情：怎样让更多的孩子对数学产生兴趣，怎样将数学的科学之美更好地展现在他们的面前？而这也是千千万万焦虑的家长关心的问题。于是，我想到要写一本和数学学习相关的书。经过一年多的精心策划和准备，我把自己学数学和教数学过程中积累的方法与经验进行了系统的梳理，在这本书里做了递进式的呈现。

数学应该怎么学？我在本书中的第一个观点是：别把数学学习妖魔化。我的脑海中始终有一个数学学习的流程图：兴趣→乐趣→成就感。兴趣虽然可以靠后天培养，但它很多时候就是每个人与生俱来的好奇心。在数学学习中，我们不要去破坏孩子天生具备的这种能力。在孩子刚接触数学的时候，大人要进行合理的引导，让孩子在学习数学的过程中不断感受它的魅力，这就是所谓的乐趣。数学的乐趣不是建立在大量重复练习之上的，给孩子提出过高要求，用严苛的检测体系去测试他们，都不是可取的方法。

　　科学、有效的学习方法，能让孩子在学习数学的过程中持续获得成就感。当很难凭借兴趣去坚持学习的时候，成就感就显得尤为重要。我们之所以克服困难去坚持做一件事，是因为这件事对我们来说很有意义。因此，我们有时需要用意义和成就感去激发孩子学习数学的动力。

　　"数学本来就很难学！""我从小数学也学得不好！"……我经常会听到一些父母对孩子这么说，他们觉得这么说是提前给孩子打"预防针"，好让孩子重视数学。殊不知，这样的"预防针"会起反作用，让孩子在潜意识中形成"数学可怕又很难"的想法，从而对学习数学丧失信心，甚至产生厌恶感。作为一名数学老师，我提倡在孩子刚接触数学的时候，父母能多鼓励孩子；在孩子取得一点成绩的时候，给予孩子适当的奖励；当孩子遇到困难的时候，多对孩子说："你能行！"

　　对于这一点，我妈妈的做法堪称典范。在小学二年级的一次数学口算比赛中，我成绩不及格，排名在学校垫底。当时的我很气馁，但妈妈没有说任何责怪我的话，反而安慰我："一次考不好不要紧，我们好好练，一定可以提高！"她说到做到，每天陪着我一点点做口算练习，在她的耐心鼓励下，几个月后我的数学比赛成绩从不及格达到了满分。

　　我妈妈虽然是一位"60后"，但让我十分钦佩的是，她总是坚持学习，她的育儿观念也十分超前、科学，丝毫不逊色于年轻一代的妈妈们。小时候，我以为全世界的妈妈都像我妈妈那样，但等长大以后我才发现，我的妈妈是独一无二的。她非常懂教育，从她身上我深切地感受到什么叫"好妈妈胜过好老师"。她是我学习路上永远的支持者，她时刻关注着我每一个人生阶段的学习情况，总是以身作则地陪我度过学习的每一个关键期。我人生每一个阶段取得的成就，都与妈妈对我的帮助和支持密不可分。

所以，在这本书中，我也邀请妈妈跟大家分享了一些教育心得和亲身实践，并制作成一本单独的小册子——《父母的眼界，孩子的世界》。希望读这本书的父母们，都能认真阅读这一部分，相信读完后一定会在教育孩子这件事情上受到启发。

关于数学学习，我在书中和大家分享的第二个核心观点是：学会坚持，永不放弃。记得中学时，我的一位体育老师给我留下了深刻的印象。当时中考项目中有长跑和上肢力量两项内容，都是我的弱项，我的成绩是 0 分，要想提高真的太难了！但那位体育老师对我说："考试的内容都告诉你了，你还能交白卷吗？"

当时，体育锻炼对我来说是比学习数学痛苦好多倍的事情，每当我打算放弃的时候，就想到体育老师说的那番话，硬是咬牙坚持了下来。初一时，我的体育成绩是 0 分；初二时，很不幸，我的成绩依然是 0 分；可到初三时，我的成绩开始从 0 分提高到 10 分，再提高到 18 分，再到后来变成 20 多分……就这样，靠着这份坚持，我最后在中考中取得了 30 分的满分！

"不经一番寒彻骨，怎得梅花扑鼻香？"我分享这段经历，是想告诉大家，学习的过程都是相通的，坚持做对的事情，就一定会有收获，学习数学尤为如此。

在我的课堂上，我常跟学生们说："你们将来一定比我强。原因很简单，你们现在使用的教材、教辅资源以及上课的老师，都是我小时候不能企及的，将来你们所学一定会超越我。但是，你们也不要高兴得太早，因为等你们步入社会的时候，我早已是一位快退休的老人了，我不是你们的对手，你们的同龄人才是你们的对手！因此，你们需要坚持学习，永远都不要放弃，这才是未来成功的关键。"

有人在下一个路口转弯，有人在下一个站台告别，有人在起点就已经止步……在坚持的路上，你会发现同行者越来越少。但我一直觉得，坚持是一种修行，是一种战胜自我的磨炼。

　　接下来就翻开这本书，我们一起开启一段数学学习的持续前行之旅吧！

杨易

2020 年 3 月 26 日

目录
Contents

第一章

我们为什么要学好数学

第一节

生活中处处都有数学

作为一名数学老师，我经常被家长问到这样一个问题："在日常生活中，该怎么去引导孩子学习数学？"在很多家长眼里，总觉得数学主要是做题，不像语文那样与生活结合得很紧密，可以随时随地教孩子背诵古诗词，让他们在生活的各种场景中学习汉字。

美国教育家华特·科勒斯涅克说过："语文学习的外延与生活的外延相等。"这个观点套用到数学的学习上同样适用。其实，只要你用心观察，我们的生活中也处处充满了数学知识。

在我看来，生活中的数学分为两部分：一部分是如何从生活中学数学，另一部分是如何在生活中更好地运用所学到的数学知识。这两部分虽然相互联系，但也是相对独立的。

如何从生活中学数学

作为语文教学的启蒙，在教孩子认字这件事上，很多家长都会觉得特别得心应手。比如，从路边的广告牌开始，每次出门的时候，家长都会教孩子从广告牌上认识一些新字，告诉孩子广告牌上写了哪家公司的名字，这些名字里又包含了哪些字。那么，数学学习为什么就不能采用这种方式呢？

在我的班上，有一位叫吉吉的男孩，给我的印象特别深刻。他从在五年级的上半学期开始来上我的数学课。记得他妈妈和我说，吉吉3岁就认字了，小学二年级的时候，语文课本上的字他全都认识了。我好奇地问她："吉吉上学之前有专门上过培训班学认字吗？"吉吉妈回答："没有。"

她说，吉吉是自然而然学会认字的。吉吉上幼儿园的时候，他们就带着吉吉满北京城地转。那时，吉吉特别喜欢坐各种交通工具出行。每次出门逛北京城，他们都会坐地铁、公交，有时还专门坐机场线，跑到机场去看飞机。在公交或地铁上，吉吉对各个站点的站牌特别感兴趣，对各条路线怎么走也很感兴趣，站牌上的字以及途经的那些站点的名字，他就这么记下了。

在生活场景中认字，孩子对于字的掌握比上专门的幼小衔接培训班效果还好，这让吉吉妈很意外。一直以来，她在吉吉的数学学习中也想使用这样的方式，却不知道在生活场景中怎么具体实施，这让她挺苦恼。

其实吉吉妈的这种苦恼，很多家长都有，他们总觉得数学学习要融入生活场景很难，可在我看来一点儿都不难。就像吉吉认字一样，我们也可以将数学学习融入带孩子出去玩的路上。

比如，遇上堵车，排队堵着的车就成了学习数学一个很好的载体。每辆车都有不同的车牌号，我们可以把这些车牌号看成一个个不同的数或者算式。家长可以让孩子去观察这些不同编号的车牌，引导孩子按车牌号的大小排顺序；或者把不同的车牌号断成两位数、三位数，再做简单的加减乘除，让孩子练习最基本的数学运算……这样堵车的时间不仅不会让我们觉得焦躁和无聊，反而会变得很有趣。

　　针对不同年龄段的孩子，还可以有各种丰富的玩法。比如，对于年纪比较小的孩子，可以先练习认识数字和字母，让他们快速认出每个车牌号末尾的一位数或两位数，然后对两个车牌号的末尾数比较大小。当孩子会一些简单计算后，可以将两辆车的车牌尾号进行加减运算。难度可以从易到难，先练一位数，熟练以后再扩充到两位数。

图 1　根据车牌号练习简单的运算

　　很多家长可能会说，算术在生活中的应用本来就很普遍，孩子很容易学会，但数学可不是加减乘除那么简单，如果想得到高阶的提升，该怎么办呢？

　　其实，我们也可以让孩子在生活中习得数学中的几何技能，甚至更高阶的数学知识。比如，可以在房子装修或者装饰的时候，让孩子参与进来，和大人一起量门框；可以和孩子一起在墙的中间挂一幅画，让孩子建立起最初的几何概念。

　　从表面上看，这些生活中不经意的数学启蒙没什么特别的，但其实它对于培养孩子学习数学的兴趣有很大的帮助，这一点我深有体会。

在我小时候，姥爷就是我几何知识的启蒙者。姥爷是工程师，当时在家里有测绘的套装工具：圆规、直尺、三角尺、测量仪、游标卡尺……甚至还有一个小天平。我很小就开始接触这些测量仪器，一有时间就去摆弄它们。我甚至还会用尺规作图，虽然我当时用的方法不一定是科学正规的，但那时我对它们的功能和作用都有了大致的了解。一方面，我对这些测绘工具越来越感兴趣；另一方面，姥爷经常和我讲这些工具是什么，有什么用，为什么这么用，用的时候要注意什么。我非常喜欢听姥爷给我讲解这些知识。在这个过程中，我不仅对测绘这件事产生了浓厚的兴趣，同时也奠定了最初的几何思维。

与孩子探讨生活中的数学问题，让孩子从生活中去学数学，往往会起到事半功倍的作用。

如何在生活中应用数学知识

数学不是脱离生活，而是源于生活的，更要回归于生活。用学到的数学知识来解决生活中的问题，是孩子体会数学奥妙的绝佳机会，能更好地帮助孩子提升学习数学的兴趣。

很多孩子在课堂上学到了数学知识，但不知道如何把这些知识与生活中遇到的问题关联起来，这就需要老师和家长在这个层面加以引导。

关于数学在生活场景中的应用，一个最好的载体是钱。我在课堂教学中发现，对于数学概念的应用场景，孩子理解起来常常有困难。比如，我想告诉孩子们得到了多少个苹果、多少个玩具，有时数量太大，他们并不能特别好地理解。但如果这时我转换一个载体，替换成能得到多少钱，他们就比较容易理解，因为钱对孩子们来说有着特别的含义，并且天然具备量化的属性。

钱是一个非常好的量化载体，用钱可以做加减，可以做乘除，还可以学习小数。因此，要想在生活中教会孩子应用数学知识，家长可以多让孩子用现金去商店买东西，或者在和孩子玩游戏时，将钱设计进游戏环节，让孩子感受数量的变化。

我上课时有一套金币积分系统，表现好的孩子会得到积分奖励。在这个过程中，还会有一些随机的小变化，比如尾数浮动、奖励翻倍等。孩子们很热衷于在这个过程中计算自己已经获得了多少金币，在虚拟商店中消费多少金币可以获得某个荣誉。

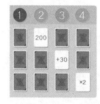 

图 2 "神秘商店" 游戏设置

我将这套金币积分系统模拟成一个小商店。孩子们每次上课的时候，都会在这个商店里玩得不亦乐乎。金币这个载体，让孩子们在游戏里获得一种虚拟交易的真实体验感，同时也加强了对于数学的感知。

小时候，父母会有意识地让我独自出门买东西，在买东西的过程中，我慢慢学会了算账。这个商品多少钱，我给售货员多少钱，又找回了多少零钱，我都会自己去算。这就是一个经典且实用的生活数学应用场景。

数学在日常生活中有很多应用，尤其是买东西的时候。我发现了一个有趣的现象：亚洲人，尤其是中国人，很擅长钱币使用中的归整找零。这听起来没什么特殊的，但其实西方人是很难做到的，因为他们从小没被植入这样的数学意识。

例如，我们去商店购买一个价值 16 元的商品，给售货员 20 元，售货员会向我们再要 1 元，最后找还我们 5 元。有时，我们甚至会直接给售货员 21 元，他就自然而然地找还我们 5 元。

在日常的买卖交易中，我们非常熟悉这种归整找零的行为。但是根据我出国旅游的经验和一些在华留学生给我的反馈，外国人，尤其是一些欧美国家的人，完全不理解这种"特殊"的找零行为，不知道这样做的意义是什么。假如我们去欧美国家同样买 16 元的东西，给售货员 21 元，他不会找 5 元，只会收 20 元、找 4 元，甚至可能笑着说"你付多了"。是不是很有意思？

这是一个非常经典的案例，中国人对于生活中钱币的使用非常敏感，有着天然的优势，这其实就是数学思维带来的差别。

当然，"归整找零"这个概念对于日常生活中没有亲身实践过的孩子而言是不容易理解的。但只要家长和老师在日常生活中对孩子稍加引导，孩子立马就能领会。家长可以利用它引导孩子在生活中应用数学。

数学应用得好的孩子数学成就感更高

在数学课上，对于巧算的学习是必不可少的。因为正常的计算方法大家都知道，无非就是列竖式。而巧算考验的是孩子的数字敏感性，这种敏感性主要体现在凑整和归整这两个层面。

先说巧算中的凑整[1]。我们在算账的时候，会自然地把两个价值 5 元的货品放在一起计算，也会自然地把价值 9.5 元和价值 0.5 元的货品放在一起计算，这就是凑整的思维。因为数被凑整以后，大家会在心理上觉得很舒服，也会觉得把一件复杂的事情变简单了。

凑整在数学中是非常基础的应用，也是一个非常实用的概念。除了购物，它在其他领域也会被使用，比如我们在收拾整理房间的时候，装东西的柜子里还差两个箱子，这时我们就会再去找两个箱子，凑成一个整体。

再说巧算中的归整[2]。我们在买东西的时候，如果不能凑整，还可以去做归整这件事。比如，买一个价值 998 元的商品，我们就会给售货员 1000 元，然后再找回 2 元。这里就是用 1000 代替 998，然后"多退少补"。

那么，孩子在日常生活中建立起了凑整和归整的概念，对于学习数学有什么帮助呢？

在应试层面，自然不用多说，凑整、归整对孩子的考试、升学很有帮助。因为它在数学中属于非常基本又实用的概念，并不是为了解决一类问题而存在的，可以不断应用和渗透，并且是可以迁移的。

凑整应用到算术中，在广义上，我把它称为"整体减空白"的思维方法。比如，一张大大的纸中间挖掉一个洞，要算出它实际可

---

1 根据题中数据特点，借助数的组合、分解以及有关运算性质，把其凑成整十、整百、整千的数，从而达到计算简便、迅速的一种方法。

2 即取整数，尽量用整十、整百、整千……的数来代替原来的数。

用的面积，我不会去硬算它的面积，而是会把整张纸的面积算出米，然后减去洞的面积，从而算出不规则的空白部分的面积。

再比如，一片空地，除了两个井盖的位置，其他地方都要进行绿化，求绿化的面积（各线段长度已知）。这个时候可以先算出长方形的面积，再减去两个井盖的面积，就可得出结果。

图 3　求绿化面积

再比如，我需要对近期购物做一个预算，准备买一台价值 999 元的电视机、一把价值 99 元的椅子和一支价值 9 元的笔。如果我把这三个价格直接加在一起算：999 元 +99 元 +9 元 =1107 元，过程比较复杂。如果这时我们用到归整的算法：1000 元 +100 元 +10 元 −3 元 =1107 元，就可以很快算出来。灵活运用归整法，可以让生活变得更快捷高效。

第二节

数学不是孤立的学科

　　作为一位数学老师，我写这本书的目的是和大家探讨数学的学习方法和数学思维的培养。因此，在本小节的阐述中，我将重点从"数学学习不是孤立的"这个层面来跟大家谈一谈。

　　"数学各分支并不是孤立的、毫无联系的，恰恰相反，代数、几何、数学分析、拓扑等一类基础知识相互关联着，并且通过它们使数学的所有分支形成一个有机的整体。"这是中国著名数学家苏步青在《谈谈怎样学好数学》一书中对数学的解读。这个解读足以说明数学不是孤立的学科，而是一个很大的学科体系，数学的各个知识模块之间也不是孤立的。

　　另外，在《谈谈怎样学好数学》中，苏步青还提到一个观点：现代数学的发展有赖于物理学及其他自然科学，甚至一些社会科学、人文科学的发展。现实世界的各个方面，深刻地反映在数学的内部结构里。这样，数学各分支间的有机联系根深蒂固地存在于现实世界的统一结构里，并且从中汲取感性的养料而成长壮大起来。

　　这个观点用相对通俗的话来进行解读，就是表明数学不但是科学之母，还是一切科学的基础。

任何学科都会用到数理思维

在高中阶段的文理分科中，我们会发现一个有趣的现象：一般理科生只要数学学得好，物理、化学和生物都不会差到哪里去；而有些学生一旦数学学不好，物理、化学和生物几乎都不行。个别数学差的学生甚至觉得自己的地理也不好，即便地理属于文科。

为什么会这样？其实是因为这些学科都需要用到最基本的数理思维。比如化学和生物，这两门学科的逻辑推导非常多，化学方程式的建立都是基于已经学过的理论推理和探究，这个过程需要理性思维。生物学里会涉及遗传计算，这是高中生物非常典型的内容。父母是怎么样的，生出来的孩子可能会是什么样的，这些都涉及遗传概率的计算。很多人都觉得遗传概率计算比较难掌握，就是因为它的推导需要用到排列组合方面的基础知识，如果排列组合这部分内容没学扎实，在学习遗传概率计算时必然会遇到困难。

我在给小学四、五年级的孩子讲数学课时，会和他们讲高中的遗传概率计算问题，我发现平时数学比较好的孩子听起来完全没有障碍。这对于成年人来说是一件多么不可思议的事情啊，但事实就是这样。

遗传概率计算曾出现在一些顶尖中学筛选早培班的考试题中。这种考题不是按照一般的语文、数学和英语那样分学科考，而是会提供一张信息卷。什么意思呢？就是专门挑出一些背景逻辑不太难，但孩子绝对没学过的东西（这其中就包括了上面的遗传概率计算），考查孩子能不能读懂这些信息，并且利用这些信息来解决问题。

例 题

父母的基因型都是Aa,双方各遗传给孩子一个等位基因(A或a),求孩子是隐性基因型 (aa) 的概率。

对于这个问题,孩子可能会用并不是十分严谨的枚举法来解决。对于十一二岁的孩子来说,这种思考问题的方法已经很先进了。如下图所示,4 种结果中只有 1 种是 aa,所以孩子是隐性基因型的概率是 25%。

母亲的基因(Aa) / 父亲的基因(Aa)	从母方获得A	从母方获得a
从父方获得A	AA	Aa
从父方获得a	aA	aa

图 4　用枚举法计算遗传概率

用举一反三的方法建立起具体与抽象的连接

数学是研究现实世界中量的关系和空间形式的。但无论量的关系也好，空间形式也罢，它们都是从现实世界的具体现象中抽象出来的，并经过反复实践才得出一些规律。

因此，我们在引导孩子学习数学的过程中，需要主动建立起具象与抽象之间的知识衔接，用举一反三的方法告诉孩子怎么抓住问题的本质。

我们从上面的遗传概率计算问题延伸，可以列举出生活中更多的例子，让孩子对概率和排列组合这个数学知识点的抽象思维过程掌握得更加牢固。

例 题

在刚刚接触乘法原理的时候，孩子们会遇到这样一个经典的问题：你有 3 件上衣，4 条裤子，都是各不相同的，问它们一共有几种搭配方式？

最基本的方法就是 3 件上衣各对应 4 条裤子进行搭配，所以 3×4=12，这就是搭配问题中的乘法原理。

3×4=12

图 5 乘法原理

这个时候，我还喜欢引入另一种情况：如果你有 3 件衣服、4 顶帽子，它们又有几种搭配呢？帽子有点儿特殊，可戴可不戴。有的教材上会直接写：帽子可不戴，这样帽子的选择方式就增加一种。虽然方法对了，但是思维上还差那么一点点。其实 4 条裤子是 4 种选择，而4顶帽子实际上是5种选择，可以选择不戴。所以，所乘的2个因数并不是服装的数量本身，而是你有多少种不同的选择。

图6　帽子的选择方式是5种

有了这种思维，孩子就更容易在复杂问题上举一反三。比如，2枚戒指实际有几种戴法呢？4种。因为除了选择戴其中1枚，还可以选择2枚都戴或者都不戴。

图7　2枚戒指有4种戴法

每次讲到这种类似的搭配问题，我都会问孩子们："请问你们有几种选择？"让他们逐渐从3件衣服或者3顶帽子这些比较具体的问题，替换成"几种选择"这类抽象的问题。

大家经常会问，什么叫抽象思维？这个过程就是思维抽象化。

什么叫抽象？就是把一个东西最本质的特点提炼出来，变成一个概念，这就叫抽象。

课上，我在讲解这种从具象到抽象的知识点课程设计中，会特别强调中间抽象的过程。比如，我将具象的物品从衣裤到帽子再到戒指，这样层层举例。这其实是精心设计过的，把生活中各种可能的情况都罗列出来，用层层递进的启发式引导，让孩子去做选择，并根据不同的选择得出不同的结果，这就是一个抽象化的过程。

在让孩子建立从具体到抽象的认知过程中，很多老师会把抽象过程过于简单和生硬化，不考虑具象案例是否覆盖了全部的可能性，不太注重整个推导过程的引导讲解，只用常规总结什么情况可以得出什么结论，省略了中间的过程讲解，导致将来孩子对抽象概念的理解和使用显得特别生硬。

低幼数学启蒙的老师更应该告诉孩子，怎么将问题的本质提炼出来。这个过程很重要，教会孩子这个，以后孩子就不会依赖老师。但如果没有过程的解读，题目稍微变化一下，孩子就不会做了。

数学解题方法是多维度和多元化的

课堂上，我让孩子们做一道新题，有的孩子做对了，有的孩子做错了。做错的孩子说："老师，这道题我没见过，错了不怪我。"做对的孩子说："这类题我好像见过。""这道题没见过"和"这类题好像见过"的区别，就在于孩子能不能想起之前学过的类似题目，并且与新题目建立起一种联系。

观察这两年的数学考试趋势，我发现很多高考题都会设计一个全新的背景，将很多时事热点或者历史文化素材综合放进考题里。这其实不是为了考孩子对这些背景的理解有多深刻，而是测试孩子能不能感知到这些新背景里面最基本的逻辑。

例 题

2019 年的高考理科数学全国 1 卷，就有一道题被大家称为"最美高考题"——维纳斯身高黄金分割比例。

古希腊时期，人们认为最美人体的头顶至肚脐的长度与肚脐到足底的长度之比是 $\frac{\sqrt{5}-1}{2}$（$\frac{\sqrt{5}-1}{2} \approx 0.618$，称为黄金分割比例），著名的"断臂维纳斯"便是如此。此外，最美人体的头顶至咽喉的长度与咽喉至肚脐的长度之比也是 $\frac{\sqrt{5}-1}{2}$。若某人满足上述两个黄金分割比例，且腿长105cm，头顶至脖子下端的长度为26cm，则其身高可能是

A.165cm   B.175cm   C.185cm   D.190cm

图 8 "最美高考题"

这道题的答案是175cm。关于怎么解这道题，网上最流行的一个段子是语文老师的排除解题法："说多少次了，教你们用排除法，就是不听：1.维纳斯是女的，C、D排除；2.维纳斯是外国的，A排除。结束。明年记住！"

这只是一个玩笑，如果用这样的排除法来解这道题，只能说完全没看懂这道题的出题意图。这里的维纳斯是用来解释黄金分割这个概念的，考题并不是算维纳斯的身高，而是算"某人"的身高。因此，不能根据维纳斯的特点来推断出结果。这道题的正确解题步骤应该如下图所示。

图 9 正确解题步骤

"某人"和维纳斯一样满足两个黄金分割,我们假设 A 为头顶,B 为咽喉,C 为肚脐,D 为脚底,那么 AB:BC=0.618,AC:CD=0.618。

题目中说"头顶至脖子下端的距离为 26cm",咽喉在脖子下端之上,所以 AB<26cm,这样 BC=AB÷0.681<42cm。

那么,AC=AB+BC<68cm,CD=AC÷0.618<110cm。某人的身高为 AC+CD<178cm(68cm+110cm)。

算到这里,可以排除 C 和 D 两个选项了。

最后还有一个腿长的参数,腿长是从脚底板到大腿根,肚脐在大腿根上面,因此,CD>105cm,AC=0.618×CD>65cm。某人身高为 AC+CD>170cm。

算到这里,可以排除 A 选项,最后的答案是 B 选项。

在这道高考数学题里，如果我们不能很快找出"身体信息"背后的长度关系，并把它们抽象成线段长度进行计算，就好比小学生算"3+2"只会数手指，换成三个橘子、两个苹果就不会了。

"学数学，就是要学会从千差万别的汤中识别永恒不变的数学原理的药。什么是数学的核心素养？能够从不同的汤中识别共同的药，这就是核心素养。有人能识别，有人不能识别，这就是区分度。以后的高考题将更偏向竞赛题、建模题、实际生活应用题、动手实验操作题、统筹规划题、计算机通信网络题、历史文化底蕴题、有思想灵魂的题。死套公式的题将逐步灭绝。"这是北京航空航天大学教授、博士生导师，中国高等教育学理事李尚志点评 2019 年"维纳斯"数学高考题时发表的观点，我对此也十分赞同。

上课的时候，在孩子们做完一些练习题时，我会对这些练习题做一个大致的评判，如果觉得某道题出得不够巧妙，题目很死板，不是生活中能遇到的问题，或者这道题并不能去解释生活中实际遇到的问题，我就会告诉孩子们看看就行了。虽然数学是一门相对抽象的学科，但也不能忽略其在实际生活中的合理性。

李尚志教授谈到的数学核心素养，其实探讨的就是孩子真正的学习能力：是不是主动学习，对数学知识的理解是不是能做到融会贯通。

数学的解题过程需要解题者拓展思路，做一些多维度的选择，最后得出来的也不是孤立的答案。孩子在数学课上不仅要收获做题的过程和答案，更要学会解题的思维过程。

> 有这样一道数学题：鱼离开水就会死吗（可能性）？备选答案是必然、有可能和不可能。
>
> 有个孩子选了"有可能"这个答案，我告诉孩子，这道题的正

确答案是"必然"。这时孩子说他知道"必然"是正确答案，但为什么还是选了"有可能"这个答案？

首先，题目里没说是什么鱼，他看过一些科普节目，听说有些鱼离开水不会死。

其次，题目里也没说鱼离开水的具体时间，如果只离开 2 分钟，鱼可能就没有死。

对于这个孩子，我是怎么引导的呢？首先，我觉得孩子讲得很有逻辑性，不是抬杠。我会先肯定孩子的想法。在这个层面上，很多老师可能就只会对孩子说，做题是做题，生活是生活。

但我对孩子说，我们来讨论一下"必然"这件事，我们说的必然都是有前提的，在一定范围之内的必然。

我："任何一件事情，有没有可能绝对会发生，比如，太阳明天会从东边升起吗？你来判断一下。"

孩子："必然。"

我："太阳诞生已经有几十亿年了，你说这么多年它都没有变过吗？地球也转几十亿年了，这么多年都没有变过吗？将来会不会某一天，地球突然受到影响，反过来转了，那太阳是不是会从西边出来？但是这种情况我们一般不考虑。"

当探讨到这儿，我把话题转回到"鱼离开水就会死吗（可能性）"这个问题。我告诉孩子，题目并不是让我们研究鱼离开水究竟会不会死的科学问题，而是在考查一个基本的生活常识：鱼是需要生活在水里的。这个时候，孩子往往就能接受"必然"这个正确答案了。

必然不是绝对的，是相对的。用这样一种方式进行引导，孩子会觉得数学题目的解答挺有意思，也会意识到很多数学题应用到生活中是怎么一回事，从而便知道以后怎么做这类题目了。

从多种角度告诉孩子数学的解题方式，这也说明了数学的非孤立性。

第三节

学好数学能拓展孩子的思维

"关于数学，我绝不是天赋型的。对于数学的学习，做题是手段，而真正的解题方法或者说解题窍门，是思维问题。没有一个秘籍能迅速提升数学能力，建立起数学思维方式才是关键。"这是我在第五季《最强大脑》夺冠后，被人问起数学学习诀窍时的回答。

学数学的关键是思维能力的建立，学好数学能拓展孩子的各种思维。

数学好能开发创造性思维

记得数学家华罗庚说："人之可贵在于能创造性思维。"数学就是一门能开发人的创造性思维的学科。

什么是创造性思维？对它的定义有很多种。但从数学学科的角度，我比较认同下面这个定义：创造性思维是指以新颖独创的方法解决问题的思维过程。通过这种思维，我们不仅能揭露客观事物的本质及其内部联系，而且能在此基础上产生新颖的、独创的、有社会意义的思维成果。

这个定义里面的"解决问题"和"思维成果"，是我认为比较关键的两个词，它们很好地概括了数学创造性思维的重点是解决问题和创造成果。

我们都知道，想象是思维的基础，没有想象就没有创造。比如，在文学艺术创作中，我们的想象力可以天马行空；但在数学思维中的想象力，注重的是在将来能不能创造新的东西，能不能解决具体问题。数学的想象力需要知识的沉淀。如果没有知识，光有想象力，什么问题都解决不了，数学的创造性思维特别注重想象力与知识的连接和互补。

想象力有时会受制于生产力。对一个人而言，最大的生产力就是知识。如果我们掌握了很多知识，有了一定的想法，就可以去解决一些问题。

人类为什么能发明汽车？那是因为掌握了机械与动力学的原理。在我们还没有掌握这一知识原理的时代，就只能研制出木马车，基于马的形象去创造。

就连看似与数学无关的音乐家与画家，也需要掌握必要的数学知识，才能创作出优美的和弦或画卷。

一般人会认为，美妙的音乐和数学是两个完全不可能交叉的领域，但其实它们之间有着密切的联系。音乐老师会教我们 do、re、mi、fa、sol、la、si，那么这七个音是怎么来的呢？这里面其实有一个很有趣的数学故事，这和古希腊数学家毕达哥拉斯有关。

据说，毕达哥拉斯有一次散步时，路过一家铁匠铺，铁匠铺里传出叮叮当当的敲击声吸引了他的注意。他走进去，发现这些美妙的声音源于铁锤和铁砧的大小不一，故而发出的声音也不同，这激发了他的思考。那么，这些音乐的和谐与什么有关呢？

众所周知，毕达哥拉斯开创了自己的数学学派，该学派信奉数是万物的起源，因此宇宙和谐的基础应当是完美的数的比例。而音乐之所以给人以美的感受，很大程度上是因它有着一种和谐。在这种意识的启发下，毕达哥拉斯用不同的乐器做了许多试验，进而发现声音与发声体的体积有着一定的比例关系。而后，他又在琴弦上做了试验，发现只要按比例划分一根振动着的弦，就可以产生悦耳的音程。

毕达哥拉斯又进一步进行了试验。经过更多的试验和推算，最后他发现：当弦长比分别为2：1、3：2、4：3时，发出的音律最为和谐。这就是我们后来所使用的"五度相生律"。

"五度相生律"也让毕达哥拉斯从数学家变成了音乐家。"音乐是数学在灵魂中无意识的运算。"这是德国数学家和哲学家莱布尼茨说的。数学是音乐家创作过程中必不可少的一个工具。

另外，每一时代的主流绘画艺术背后也隐藏着一种深层数学结构——几何学。在达·芬奇那里，是讲求透视关系的射影几何学；在毕加索那里，是非欧几何学；在后现代主义、纯粹主义那里，也许是现在说的分形几何学。

数学能教会孩子独立思考

乔布斯曾经说过："每个人都应该学习编程，因为它教会你思考。" 他认为每个人都应该学习一门编程语言。学习编程教你如何思考，就像学法律一样，学法律并不一定要做律师，但法律会教你一种思考方式。

同样，数学也是教人思考的。"发展独立思考和独立判断的一般能力应当始终放在首位。"爱因斯坦的这一观点对应到数学教学和学习中，就是始终要将勤于思考、善于思考作为数学教和学的最基本要求。

在数学课堂上，当我提出一些开放性问题时，孩子们往往会想当然地给我一个答案。这个时候为了让他们学会思考，我就会不断提问和启发他们。

比如，我会让三至六年级的孩子做一些他们喜欢的数学小课题，形式是完全开放的，不限定他们研究的方向和领域。孩子们自由选择和随意组合的小课题，很多时候都会带给我意外的惊喜。

其中有一个让我意外惊喜的课题——研究正态分布。在高中阶段，我们会了解正态分布是什么，怎么用；在大学阶段，我们才会去研究正态分布为什么这么用。正态分布明显超出了小学生的认知水平。

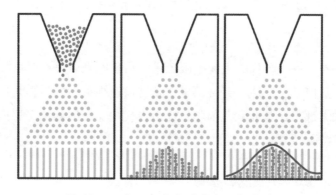

图 10　研究正态分布的高尔顿板实验

正态分布（Normal Distribution），也称"常态分布"，又名"高斯分布"（Gaussian Distribution），最早由英国数学家棣莫弗在求二项分布的渐近公式中得到。这是一个在数学、物理学及工程学等领域都非常重要的概率分布，对统计学的许多方面有着重大的影响。

在这个课题研究中，虽然孩子们没有完全搞清楚正态分布的原理，一些观点也不完全正确，但他们思考的广度和深度都超出了很多同龄人的水平。

他们知道正态分布是怎么一回事后，还会去关联生活中的一些事情，思考生活中一些随机的事件是不是也符合正态分布。比如，大家每天7点到校，有的人早一点，有的人晚一点，有的人因为实际情况可能会早来或者晚来很多。

于是，孩子们手绘了一张带有坐标的图，希望从中找出规律。这是孩子们的思考，并在生活中进行验证。虽然这些案例经不起特别严格的推敲，但不妨碍他们去进行更深入的关联思考。

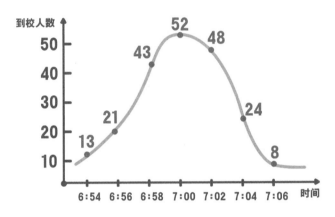

（注：每段时间统计2分钟内的人数）

图 11　某天早上 6：54 ～ 7：06 到校的人数分布图

数学好的孩子逻辑思维强

在数学中，一个数学概念的形成、一个数学命题的建立、一个题目的解答，通常要通过对概念、命题或题目进行观察、比较、分析、综合、概括、抽象、归纳、演绎，这些都需要在头脑里进行思维活动，并能正确地阐述自己的思想和观点。这个过程就是逻辑思维能力的体现。

在日常教学中，我发现一些孩子学习了计算机、编程语言或机器原理后，他的数学成绩就提高了。这是因为编程里面的很多逻辑会更"硬核"一点，相比数学会更严谨、更具有逻辑性，而这些恰恰在小学阶段的数学学习中是缺失的。

> 我教的一位林姓学生，他从小学四年级开始跟我学数学，之前从没报过任何数学培训班。他妈妈说，他们班里的同学基本上从二、三年级开始就学奥数了，当时小林觉得同学给他造成了很大的压力。但他自从跟我学了数学以后，数学成绩提升很快，和那些早就开始学奥数的同学差不多。我发现有一个重要的原因是，他跟我学数学之前，一直在学编程，编程和数学是相辅相成的。

很多时候，做题对逻辑的提升是有限的。但如果能通过学习编程提升逻辑思维，再去做数学题，就会是一件很轻松的事。学习编程可以进一步拓展孩子的数学思维，提升孩子的数学学习能力。

数学好的孩子，逻辑思维能力相对也强一些。当然，逻辑思维能力也可以在数学课堂上进行引导和培养。

为了更好地培养孩子的逻辑思维能力，当孩子遇到不会做的题目或者做错的题目来求助我时，我不会直接告诉他们解题方法，通常会反问他们"为什么不会做"或者"错在哪儿"，用启发式的引导让孩子自己去找原因，锻炼他们的逻辑思维能力。

例 题

孩子在玩数字华容道游戏时，玩半天都通不过，需要我去点拨，但我又不想直接教给孩子方法，就会用启发式的引导：要把 4 放进去，但 4 上面有 8，所以是不是被 8 给卡住了。

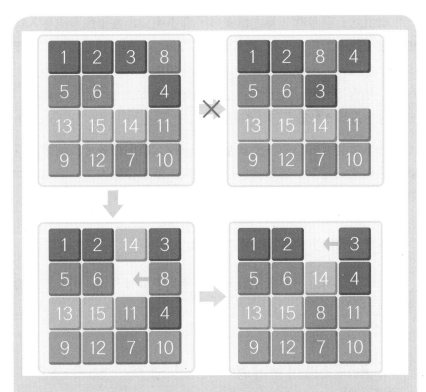

图 12 数字华容道

为了让孩子们更深入了解这个游戏的规则及原理，我就把游戏对应到日常坐公交车时"先下后上"的生活场景中。

我："售票员经常会说'先下后上'，为什么要这样？'先上后下'不行吗？"

孩子们："没想过这个问题。"

我："再想一想这是为什么？"

孩子们："先上后下，如果有人被挤住下不来怎么办？"

我："对啊！如果车很满，你怎么上得去！就像现在，上面一块被堵住了，你得先把上面一块给掏出来，才能让下面的上去。"

别看这么简单的一步，很多孩子都不明白，甚至很多成年人玩的时候也想不明白。"4"放不上去，那就转一转，打乱顺序看看能不能放上去，即使偶然成功了，下次遇到这样的问题还是搞不定。玩数字华容道游戏，就需要去思考如何改变方块之间的位置关系，能很好地锻炼我们的逻辑思维能力。

数学里非常核心的一关就是逻辑，什么原因导致什么结果，逻辑就是因果的建立。我和孩子们说，逻辑就是预知未来的能力，知道了因和果，基本上就能从现在的事情去预知未来了。

数学好的孩子都具备模块思维能力

说模块思维之前，我先给大家说个关于房间着火，怎么灭火的小笑话。

第一种情况：进到一个着火的房间里，桌上有个灭火器，我们该怎么办？

一般人和数学家的做法：都会拿起桌上的灭火器开始灭火。

第二种情况：又进到一个着火的房间里，房间的墙角有个灭火器，我们又该怎么办？

一般人的做法：拿起墙角的灭火器开始灭火；

数学家的做法：拿起墙角的灭火器放在桌子上，并且说："这样就转化成第一种问题了。"

这虽然是搞笑的故事，但也揭示了数学思维的特点，表明数学推理的逻辑严谨性包含迭代，即一旦找到一个已知的问题，那么这个问题就算解决了。第一种情况，进入着火的房间，桌上有个灭火器，直接拿去灭火，这是一个已经解决问题。第二种情况，墙角有个灭火器，这是一个新问题，按照第一种情况的已知问题解决逻辑，要先把墙角的灭火器拿到桌上，然后再拿桌上的灭火器去灭火才行。

这个故事会让大家觉得学数学的人有时呆呆的，很死板，但这正是以不变应万变的智慧。这就是数学的模块思维能力——一旦掌握了一类问题的解决方式，就能解决一大类问题。

模块思维就是把遇到的大问题按照一定的逻辑或规则，分成 N 个小问题，再逐个解决，最终解决大问题。

这种思维方式有以下几个好处：

● 小的模块往往可重复使用，其他地方需要时可直接拿来使用。

● 起到大事化小的作用，把一个大问题变成许多小问题，可以各个击破。

● 统一标准后，可以多人协同处理，提升工作效率。

将模块思维用于日常工作和生活中，在提升工作效率上，我还是深有感触的。进入多媒体教学时代，老师都需要做 PPT 课件。有些老师就直接套用一个固定模板，有些则每次都会根据需求找不同的模板东拼西凑。

我的方式与以上两类老师都不一样，可以说是二者的结合。在第一次上课前，我自己做一套模板，内容包括如何展示知识点、如何展示例题、如何讲解、如何循环设问，或者和孩子互动玩游戏等，一套模板有几十页。

虽然在一开始我花了比较长的时间和精力去做，但有了这套模板以后，每次做课件的时候，我就调用其中不同的模块，不仅可以让 PPT 课件有很多种组合，关键是每次做课件效率也很高。

比如，做例题 PPT 课件，我就直接去例题模板库里找，将合适的模块直接粘贴过来用就行了。下一次要用模板中的一款互动游戏，也可以直接从模板库里挑选。如此一来，可以一学年都循环使用这一套模板。我还会把比较完善的模板直接分享给不太擅长计算机的同事，这样同一个模板就可以帮助很多人节省时间，提高效率。

另外，如果我在做课件时，一个二级知识点需要一条条显示，这个在我原先的模板库里是没有的，我就会先在课件上做调整，调完后我会进行一个常规动作，即把这个调整后的新页面复制到模板库里。这其实也是一种模块化思维。

大多数人会直接在这次制作的 PPT 模板上改，不会想到把改好的新页面加入模板库里。他们即使一学年下来要改十几次课件，最终也不会去改模板。这种缺少模块思维的懒，就是对自己工作的一种惩罚了。

除了工作，模块思维在我们的日常生活中也会经常用到。有孩子的家庭多多少少都会有些玩具、绘本，这些东西一开始量不大时，大家会觉得整理收纳不是问题。但日积月累后，我们会发现如果没有进行系统的整理收纳，将新买的玩具和绘本直接堆在旧的上面，会导致旧的玩具和绘本非常难找。这时，我们最好能把玩具和绘本做一些模块化归类：这些玩具放一个模块，那些绘本放另一个模块……这么做之后，无论整理收纳和使用都会很有体系化，很方便。

数学好的孩子善于运用关联思维

关联思维是指人与人、人与事物相互之间存在着普遍联系的思维方式。它一般在记忆知识链时被提及得比较多。

数学中的关联思维，核心是理解之后的触类旁通，找出题目背后的关联知识点及内在的逻辑。

如何培养孩子在数学学习中的关联思维呢？我在课堂教学中会有意识地设计这样的课程体验环节：

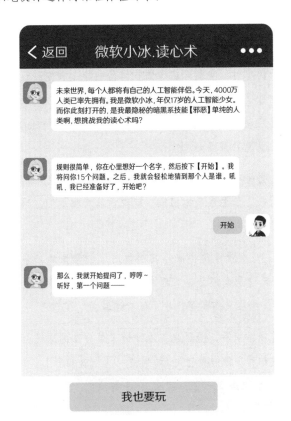

图 13 微软小冰游戏对话框

孩子都喜欢玩"微软小冰"这款 AI（人工智能）游戏。它吸引孩子的点在于一个功能——"读心术"。孩子脑子里想一个人，小冰不停地问问题，只要回答"是"或者"不是"，15 个问题之后，微软小冰就能猜出孩子脑子里想的那个人是谁。

如果这个人是名人，微软小冰就会直接说出名字。如果是和孩子有关系的人，它就会说出关系，如爸爸、妈妈、老师、同学之类的，孩子会觉得很神奇。

我让孩子去研究微软小冰为什么会有"读心术"这一神奇功能。一开始，孩子的研究不会基于我想要引导的方向，他们会去研究 AI 是怎么回事，为什么机器能思考，它怎么确定我会问什么问题，喜欢问什么类型的问题……

当孩子畅想时，我就开启了课程体验引导。首先，让孩子玩猜数游戏：一个人说一个 1～1000 之间的数，另一个人来猜，每次猜都会有大或者小的提示，猜多少次能猜出来？孩子会说 50 次或者 100 次，我说只需要 10 次。

为了证明能在 10 次之内猜出来，就让孩子来问我，看我怎么猜，能不能猜出来。如果我能猜出来，就说明没有骗他们，这是一个感性的证明过程。

为什么 10 次就能猜出来？其实我用了数学里的二分法。一开始猜 500，无论是大还是小，都淘汰了一半。如果答案是小，我会继续猜 250，然后又淘汰了一半，依次递减。

猜数游戏结束后，孩子也基本知道了二分法的原理，了解到我每次猜的数都和 2 的倍数有关。如果猜 10 次，就相当于 2 的 10 次方，等于 1024，每次淘汰一半，就从 1024 淘汰到 1 了，最后就能确认要猜的数字了。

回到微软小冰读心术的问题，每提出一个问题，如问男或女，中国或外国，就能把答案范围缩小一半。在此基础上，2 个问题就能把人群分 4 份，3 个问题分 8 份……按照这个算法，15 个问题最多能把答案范围分成 3 万多份，也就是 2 的 15 次方。世界上的人显然超过这个数，所以微软小冰并不是每次都能猜对，也有很多猜不准的时候。

将微软小冰的 AI 逻辑对应到数学中的二分法，就是一种关联思

维。这种关联思维不仅把孩子日常玩的游戏数学化，让他们觉得很有意思，同时也让他们知道了 AI 逻辑底层的数学原理。

通过这样的关联思维，孩子们觉得原来不懂的现在懂了，即使没有全懂，也至少懂了一部分；他们还觉得这样的关联思维很有意思，将来可以套用这种思维模式继续研究其他问题。

高考要考那么多题型，我们学得完吗？肯定学不完，那为什么很多人考试能考高分呢？这其中就包含了关联思维，用关联思维把类似的知识点串联在一起，遇到不同的题目就知道考的是哪个知识点了。

第四节

学好数学能让孩子理性分析▏

　　前一节我和大家主要探讨了学习数学对孩子思维方式的拓展，能让孩子的哪些思维体系建立得比较好。其实，不管是哪种思维体系，运用数学思维方式可以让我们多维度地看待和解读这个世界，不仅用它来诠释有形的物质世界，而且可以用它的清晰有序、整体合一去指导我们更好地生活和工作。

　　在日常生活中，我的情绪不太会波澜起伏，也很少因为一件事非常开心、激动，或者因为特别生气和别人争吵。我也没有什么特别大的爱好，或者特别讨厌的事情。我在看待很多事情的时候，都喜欢分析它，哪个有用就做，没用就不做，不会去过多争辩。

　　身边的朋友和同事都评价我是理性不纠结的那一类人。这其实是因为我多年来的数学学习及教学经历让我形成一套数学思维体系，使我能很好地控制自己，对事情能做出理性的判断，不去消耗不必要的精力，让工作、生活更高效。

理性分析，果断做出选择

　　很多时候，我们总会感叹人生面临多种选择，有时选择往往比努力更重要。面对人生中不断出现的选择，有些人会患得患失，有些人因为选择错误导致沉没成本很高……

回望我的人生轨迹，发现我的每个阶段目标都很明确，没有投入很多不必要的成本去做选择，这可能就源于数学带给我的超强分析能力。

面对一些复杂问题的时候，我很擅长将其进行拆分。很多事情从表面看有很多纠结的点，但其实仔细分析，就会发现我们纠结的点不外乎就是几个维度。

比如，在跳槽这件事上，很多人会在跳与不跳之间徘徊。经常有同事或者朋友在迷茫的时候找我，让我给出一些参考建议。这种时候，我一般都不会给出建议，只会帮他们做分析。要不要跳槽，无非就是在薪资待遇和未来的预期发展这两个点上纠结。首先，我会从以下几个层面分析薪资待遇这个纠结点：现在的工作收入是多少，预期的收入是多少；如果换工作，新工作的收入是多少，预期的收入又是多少……基本上这几个方面一比较，在薪资待遇这个点上要不要跳槽大致就有结果了。然后，再继续分析现在的工作和新工作未来的发展预期。这两个维度分析完了，该怎么做选择，自然而然就有结果了。

分析对于抉择的重要性，可以用一个更直观的例子——租房来说明。

例题

　　我的一位朋友在国外留学租房，他租的房子属于独立公寓，物业好，价格相对也偏高，每月租金4000元。因为其他各方面支出都在增加，虽然房子租期还没到，但他觉得有点承担不起了，想换房。于是他去看了房子，最终看中了两套房：一套比现在的房子普通一点，月租金3500元；另一套月租金5000元，但需要和朋友一起合租（每人每月承担租金2500元）。他问我该怎么选。我就把租房这个案例演绎成一道数学应用题，帮他结合实际情况算了算。经过计算，结果就很清晰了，如下图所示，第三种是最经济的方案。

图 14　3 种租房情况分析

理性分析，规避一些明显不合理的事

"彩票是通过数学原理设计的，为什么数学家从不去买彩票呢？！"这句话足以反映出一个事实：数学学得好的人，不会去做一些明显不合理的事。从概率统计角度来说，买彩票收益的期望小于买彩票的成本。

朋友去美国拉斯维加斯玩，为了体验一下赌城风采，他去了赌场。他把赌场里的一个轮盘游戏规则拍下来传给我看，让我告诉他怎么玩赢的概率更高。

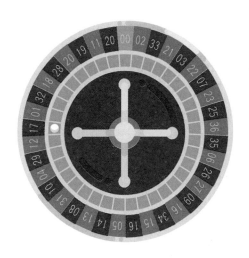

图 15 轮盘游戏

轮盘游戏大致的规则是这样的：庄家随机将小球扔到写有数字
0～36 的轮盘中，玩家可以竞猜小球停留的数字。假如我们下注 1 元，
猜错就输掉，猜对就能拿回 36 元。考虑到这个概率比较低，挫败感
太强，因而还有猜单双、猜红黑等比较简单的玩法。对于这些低风险、
低回报的玩法，猜错输掉 1 元，猜对能拿回 2 元，也就是翻倍。但
这里有个特殊规则，如果小球落到 0，除非你正好猜 0，不然都算错。

不知道会不会有人觉得第二种低风险的玩法比较靠谱，但实际
上赢的概率是一样的。从概率的角度来算，每局游戏收益的期望值是
36/37，说得直白点，我们派很多人用 37 元去玩一局，最后平均每人
能收回 36 元。虽然只玩一局会有偶然的输赢，但玩家很多，长期玩下去，
庄家肯定是稳赚不赔的。所以，这种游戏一般人还是远离比较好。

买彩票、赌博这些事情，我们在日常生活中不太会去尝试。那么，
如何让孩子学会用数学理性分析，以规避做一些明显不合理的事情
呢？我会列举一些商家活动，让孩子去演算和了解这类题目。

例 题

在便利店买午饭，两种优惠活动可以二选一：打6折，或者满50元返25元券。哪个活动更优惠？这里要具体问题具体分析。如果只是一次性消费，6折肯定比较值，因为返券不用就浪费了。如果店家就在公司楼下，每天都要吃午饭，那么后者就更实惠了，毕竟第二天能用券抵25元，比6折更划算。

图16　优惠与打折

而实际情况往往更复杂，有的时候一次消费凑不够50元，又或者超过了50元，还有可能这个活动三天后就截止了。为了应对这里的变数，最好就是用整体思维法，把活动期间要花的总钱数和要买的总物价进行对比，这样折扣就一目了然了。

理性分析能帮助我们享受到商家活动给予的最大优惠，让我们不纠结，知道哪些优惠得不到，就不必为一些事情惋惜。我们会发现，纯粹的数学知识虽然和生活有距离，但它的一些分析原理却能很好地指导我们，让我们成为生活中的精明消费者。

第五节

学好数学能让孩子更好地认知世界

数学的魔力是它的简洁之美：世间万物纷繁多变，却往往通过一条规律、一个公式便能解释清楚。数学的这种简洁之美，可以让孩子更好地认识世界。

达·芬奇说："数学是一切科学的基础。"这也揭示了各个学科都会用到数学这一工具。数学作为一门精密的学科，是很多学科的工具包，是量化的基础，它也集合了各学科经典问题的经典解决模型。我们应该努力地去培养数学思维，用数学的底层思维去更好地认知世界。

数学能解释生活中的现象

学习数学，不是让每个孩子长大后都能成为数学家，但是每个孩子至少应该学会用数学的思维去认识我们身边这个奇妙的世界。

当小学阶段的孩子知道数学中的乘法和除法互为逆运系后，就能理解单位量、数量和总量之间的关系，能解释很多生活场景。

比如，速度 × 时间 = 路程；路程 ÷ 速度 = 时间；路程 ÷ 时间 = 速度。当孩子掌握了路程、速度和时间三要素之间的关系后，就能更好地认知生活中的各种交通工具，对于未来的日常生活出行，能做出很好的规划。

在数学解释生活场景的应用中，可以让孩子更好地认知具体与抽象之间的相互转化，比如引导孩子了解本金 × 利率 = 利息。这是一个相对抽象的概念，因为利息比本金少，利率可以是小数。通过从低到高的扩展，可以让孩子建立起具体自然数到利率这些抽象数字之间的关联认知。

数学验证了很多物理学的理论

物理学上有很多前沿的研究，都是先有理论，后来才用数学知识验证的。很多时候，进行物理实验的条件非常苛刻，投入的成本也非常大，需要先模拟运算推理的过程，然后把想要的结果得出来，再用实验去验证。

伽利略的自由落体实验被称为"最美物理实验"之一，这个实验背后有一个基于逻辑分析而不用实际操作的假想实验。

最先研究自由落体的是古希腊科学家亚里士多德，他提出：物体下落的快慢是由物体本身的重量决定的，物体越重，下落得越快，反之则下落得越慢。

但伽利略在《两种新科学的对话》一书中提出了一种假想实验，依照亚里士多德的理论，假设有两块石头，大的重量为 8kg，小的重量为 4kg，则大的下落速度为 8，小的下落速度为 4。当两块石头被绑在一起时，下落快的会因为慢的而被拖慢，所以整个体系和下落速度在 4 ~ 8 之间。但是，两块绑在一起的石头整体重量为 12kg，下落速度也就应该大于 8，两种结果是自相矛盾的。

伽利略由此推断，物体下落的速度应该不是由重量决定的。

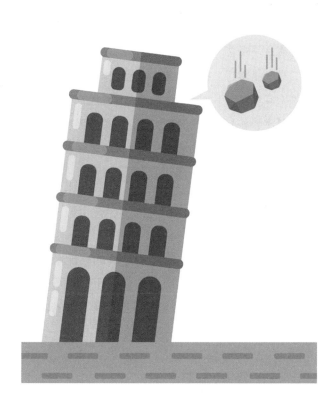

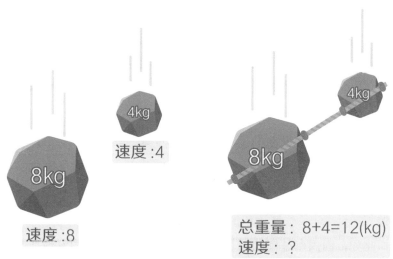

图 17　伽利略的自由落体实验

为了证明这一观点，伽利略同他的辩论对手及许多人一同来到比萨斜塔。他登上塔顶，将一个重 100 磅[1] 和一个重 1 磅的铁球同时抛下。在众目睽睽之下，两个铁球出人意料地差不多同时落到地上。这个被科学界誉为"比萨斜塔实验"的美谈用事实证明，轻重不同的物体从同一高度坠落加速度一样，它们将同时着地，从而推翻了亚里士多德的错误论断。这就是被伽利略所证明，如今已为人们所认识的自由落体定律。

有很多人质疑伽利略这个实验是不是真的在比萨斜塔做的。但其实这些都不重要，伽利略的高明之处就在于凭借逻辑推理，提出了石块捆绑在一起的假想实验，从理论上推翻了重的物体落得快的判断。

数学能让我们更好地认识自然规律

所有伟大的科学发现都需要数学的帮助。在今天，严谨的物理学理论常常需要使用数学语言进行表述。当物理规则被精确的数学法则表达以后，物理问题也就转化为数学问题。例如，天体运动的轨迹可以用一个方程式表述，我们可以通过它来预测发生日食、月食的时间。

学习数学能帮助我们了解很多自然现象，如为什么有潮汐，为什么太阳是东升西落……这些都和数学有关系。很多数学家都尝试用数学的观点去解释自然界中的一些事情，这才发现了勾股定理和圆周率等。

比如，圆周率是圆的周长和直径之间的比率，它的发现让我们

1　1磅约为0.45kg。

意识到圆周的长度与直径成正比。圆周的长度难以测量时，知道圆周率，就可以通过测量直径去推算圆周的长度。

再比如，国庆节要摆一个圆形花坛，并给花坛做一个规划。这时，我们就需要用到圆周率的知识，算花坛的周长以及面积，算出花坛里边能容纳多少盆花。

又比如，黄金分割比[1]是一个很特殊的比例。通常我们会用线段分割来解释这个比例：把一条线段分割为两部分，较短部分与较长部分的长度之比等于较长部分与整体长度之比。这个比值是个无理数，取一个近似值是 0.618。

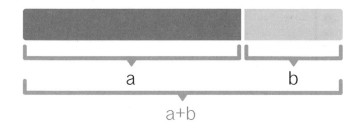

$$\frac{a}{b} = \frac{a+b}{a} = 1.618... = \varphi$$

图 18　黄金分割比

黄金分割比这个数字一开始是从自然界中总结并发现的。自然界中很多动物和植物都具有黄金分割比例，如海螺、植物的茎、鲜花等。当我们对这个数字认识越来越深入，发现它带来的和谐和视觉美感后，就开始把它越来越多地应用到建筑和设计中。吉萨金字塔、蒙娜丽莎、苹果的商标设计等都遵循了黄金分割比例。

1　黄金分割的奇妙之处在于，其比例与其倒数是一样的。也就是1.618的倒数是0.618，而1.618∶1与1∶0.618是一样的。通常用希腊字母φ表示。

如果孩子能很好地理解黄金分割比例，他们对于自然界或者设计的美学就会有更深的认知。

种群增长的 S 形曲线是高中生物学的一个知识点，可以帮助我们认识自然界生物种群的变化规律。

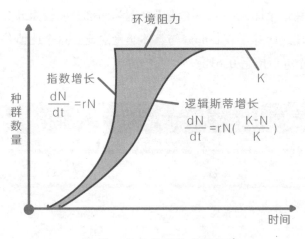

图 19　生物种群的变化规律

在自然界中，环境条件是有限的，因此种群不可能按照"J"形曲线无限增长。当种群在一个有限的环境中增长时，随着种群密度的上升，个体间由于有限的空间、食物和其他生活条件而引起的种内斗争必将加剧，以该种群生物为食的捕食者的数量也会增加，这就会使这个种群的出生率降低、死亡率增高，从而使种群数量的增长率下降。当种群数量达到环境条件所允许的最大值时，种群数量将停止增长，有时会在 K 值保持相对稳定。

如果我们要深入研究种群数量变化，为野生生物资源的合理利用及保护提供理论指导，或者通过研究种群数量变化规律为有害生物的预测及防治提供科学依据等，都要借助数学相关知识。

第六节

未来更需要有数学思维的人

伽利略说："大自然这本书是用数学语言写成的……除非你首先学懂了它的语言……否则这本书是无法读懂的。"华罗庚说："宇宙之大，粒子之微，火箭之速，化工之巧，地球之变，生物之谜，日用之繁，无处不用到数学。"

数学不是只跟数字有关，它还是一类方法及理论。我们的生活离不开数学，科技的进步也都与数学有关。

马云说："数学应该成为年轻人的基础，就像运动、音乐和绘画一样。如果数学基础坚实，人类会坚实。"在他看来，IT（信息技术）、DT（数据科技）、AI（人工智能）、IoT（物联网）、芯片、计算机这些未来社会的核心领域都和数学密切相关。

换句话说，数学将是孩子以后在社会生存竞争的顶级能力，未来更需要有数学思维的人。

数学与大数据、AI 关系紧密

在互联网时代，大数据分析是很核心的技能。数学有一个专门的分支叫统计学，大数据就是在这个基础上产生的。统计学在中小学阶段叫作知识样本与统计，在大学阶段叫作统计与概率。

大数据分析涉及数据敏感性。如果数据敏感性不好，搜集到的数据可能会很混乱，获取的数据质量不高；也会导致数据过多，不能做出深入、有效的分析。大数据分析需要深度挖掘数据之间的关系。

同一组数据，给两个人看同样 10 分钟的时间，其中一个人只看出了大小多少，另一个人却分析出了很多关系：客户的特征与年龄的关系，一些特征与性别的关系，另一些特征与消费的时间节点的关系，等等。那么，后者就是一个具有数据敏感性的人。

任正非说，AI 的本质是统计学和数学，是通过机器对数据的识别、计算、归纳和学习，然后做出下一步判断和决策的科学。

而数学是 AI 入门的必修课程。数学的基础知识蕴含着处理智能问题的基本思想与方法，也是理解复杂算法的必备要素。

要了解 AI，首先要掌握必备的数学基础知识。

●线性代数：解决如何将研究对象形式化的问题，是 AI 的基础，更是现代数学和以现代数学作为主要分析方法的众多学科的基础。

●概率论：解决如何描述统计规律的问题。随着人工智能联结主义学派的兴起，概率统计已经取代了数理逻辑，成为 AI 研究的主流工具。在数据爆炸式增长和计算力指数化增强的今天，概率论已经在机器学习中扮演了核心角色。

●数理统计：解决如何以小见大的问题。数理统计根据观察或实验得到的数据来研究随机现象，并对研究对象的客观规律做出合理的估计和判断。

总之，很多 AI 方面的专家都认为，AI 与数学之间的关系是相互促进的。

擅长数学思维，更容易抓住工作核心

接手一项新工作后，我会很容易抓住工作的核心，按照最后要达成的结果去执行。如果我是团队的核心，我会分配任务或者协调整个团队的工作，并做最后的汇总。如果我不是核心，我也会主动配合团队成员，做好属于自己的工作。

当工作团队里每个人的思维都具备严谨性，那么这个团队就会非常高效，开会一个小时之内结束，并且每个人都发言；团队沟通事情，什么时间开始，什么时间截止，哪项工作达到什么效果，当前进度完成百分之多少，都会做量化。

数学教给我的思维方法，对我做事的执行力有很大的促进作用。一旦别人和我想法不一样，我就会去分析别人为什么会这样想，为什么他不同意我的看法；在完成一个任务时，如果其他人的意见和我不同，我不会固执己见，而是尽量找到对方立场的合理性，尽量提倡所有人为同一个目标共同出力。在任何时候，思考都是一种优秀的品质。

数学是非常具有规律性的学科，数学好的人在面临一个新鲜事物的时候，更容易去把握规律，并且从中找到合适的做法或问题的解决方法。

在学习使用计算机的时候，对于一些新的软件或者新的功能和技巧，我会从公式的角度去进行解读。一旦匹配，我就了解了它的原理，能更好地运用。

比如，对于 Excel 表格的公式功能，我因为懂得其中的逻辑关系，所以能够建立可以反复利用、清晰直观的多功能表格。

数学好的人，就像戴了一副 X 射线眼镜一样，可以透过现实世界错综复杂的表面现象看清本质，并将其为己所用。

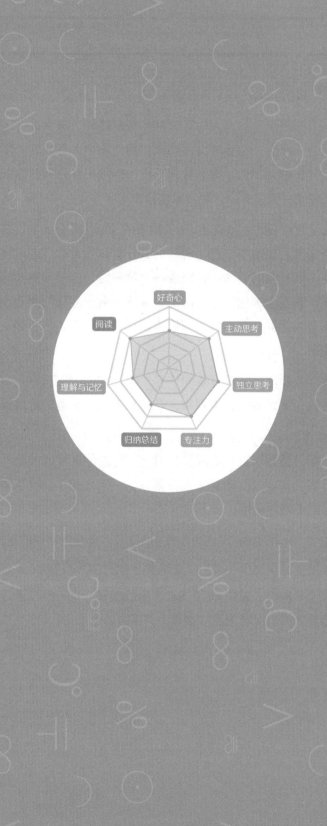

第二章

学好数学从正确的认识开始

第一节

学好数学的七大要素

好奇心、主动思考、独立思考、专注力、归纳总结、理解与记忆以及阅读，是我总结出来的学习数学的七大要素，也是很容易被大家忽略的地方。这七大要素之间既相互影响，又存在着递进的关系。

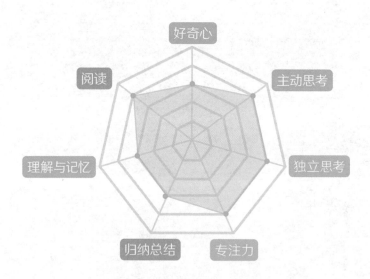

图 20　学好数学的七大要素

要想让孩子热爱数学，就应该让孩子时刻对数学产生好奇心。我认为，好奇心是学好数学的第一大要素。之所以把它放在第一位，因为它是最基础的。后面的六大要素都是建立在这个基础之上的。

好奇心

心理学认为，好奇心是个体在遇到新奇事物或处在新的外界条件下所产生的注意、操作、提问的心理倾向。也就是说，好奇心是人在遇到新事物或新环境后的一种本能反应。这种本能反应是与生俱来的，即便是几个月大的宝宝也拥有这种能力。

一个人的好奇心在婴儿时期最为旺盛，4岁之后就开始衰减。比如，孩子在婴儿时期不会说话时，会用眼睛、手去感知周围的一切，去认知世界，并且把它记下来；等到孩子会说话，并且具有一定的思维之后，他们总会问为什么，对身边各种各样的事情感到好奇。

孩子的好奇心来自对未知问题求解的原始动力。好奇心是个体学习的内在动机之一，是个体寻求知识的动力，也是创造性人才的重要特征。

爱因斯坦说："我没有特别的天才，只有强烈的好奇心。永远保持好奇心的人是永远进步的人。"这句经典的话，表明好奇心能激发孩子学习和探索的兴趣。

不光是数学，在我们学习任何一门学科的过程中，都有一个从兴趣到习惯培养再到能力提升的过程。学习任何一门学科的初期，兴趣都是非常关键的。在这个过程中，释放孩子的天性，培养他们对学科的兴趣才是最重要的。作为一名数学老师，我最期待的并不是孩子考出多么高的成绩，而是真正让他们觉得数学其实挺好玩的。

只有孩子认为学数学很好玩，才有可能学得好、学得长久。那种数学学得好，但觉得数学枯燥无味的孩子，成绩好的状态通常只是短暂的,一旦进入高阶的学习,成绩马上就会降下来。这样的例子屡见不鲜,我们常常听人们说,孩子小时候学习成绩挺好的,怎么到中学成绩就一落千丈,就是因为小时候太注重学习成绩,忽略了对于兴趣的培养。

我在课堂上会尽量用一些好玩的方式去引导孩子对数学学习产生兴趣,让他们在学习数学时一直保持一种好奇心。

一般来说,我会从课堂形式和课堂内容这两个层面去进行精心的设计。比如,在课堂形式上,为了让孩子觉得数学学习有趣、好玩,激发孩子对数学学习的好奇心,我设计了一个"三国大战"的游戏。把孩子分成三个组,根据当天学习的课堂知识,让孩子互相出题、互相解题,进行比赛。

一开始设计这样的课堂形式,我只是抱着一种试一试的心态,觉得孩子可能会喜欢,但没想到他们非常喜欢。以至于后来每次上课的时候,孩子都会主动来问我,这堂课会不会有三国大战。大家都跃跃欲试,很想把自己学到的数学知识展示出来,一方面彰显自己的实力,另一方面也可以和同学切磋。三国大战这种课堂形式,让孩子对学习数学的自信心和主动性都得到了提升。

除了课堂形式的创新,我也会进行一些内容创新,将一些数学知识点借助有趣的故事讲出来,让孩子易学、易懂、易记。

在数学学习中,有一类题是孩子比较难掌握的,就是时间周期的推导。这其中涉及一年中每个月的大小,特别是2月,平年是28天,到了闰年就是29天。这时,我就会引入恺撒大帝的故事。

早在公元前8世纪,古罗马人就根据长期观察得出的规律制定了一套历法。但天马行空爱自由的罗马人不是很严谨,这个历法定得比较粗糙,一年大约是365天。地球绕太阳公转一周的实际时间是 365.2422 天。经年累月，古罗马这个历法规定的一年，和实际上的一年，相差的天数就越来越多了。

到了公元前 46 年，恺撒大帝修正了这个历法，他把 12 个月分为 31 天的大月和 30 天的小月，其中单数的 1、3、5、7、9、11 是大月，双数的其他月份是小月。恺撒大帝的数学还不错，他仔细一算：31×6+30×6=366，发现一年又多了一天。因为古罗马处死犯人的时间一般在 2 月，为图吉利，他就将 2 月减少了一天，变成了 29 天。这样算下来，匹配度就比较完美了。

谁知道过了几年，恺撒大帝被暗杀，他的养子屋大维开创了罗马帝国，成为第一位帝国皇帝。屋大维上台之后，发现恺撒出生的 7 月是大月，而自己出生的 8 月是小月，感觉很不爽，于是决定把 8 月改成大月。

但历法不能随便改，这一天也不能平白无故地多出来，于是就从 2 月里又减去了一天。后来，屋大维又觉得 7、8、9 连着三个大月不太合适，就把后半年的大小月做了调整，这就有了现在大、小月的安排。

但 2 月只有 28 天太可怜了，人们为了给它一个补偿的机会，到了闰年，就把 2 月增加到 29 天。于是就有了这样一个口诀：一三五七八十腊，三十一天永不差，四六九冬三十天，平年二月二十八，闰年再把一日加。

在课堂上，我将这个一年中大、小月的故事一讲，基本上孩子们对一年每个月的周期变化就很容易掌握了。由一个有趣的冷知识入手，让孩子注意到了考试的一个易错点，其实并不难做到。

一位小学五年级的男孩小林，主动和父母要求来上我的数学课。

最开始来上课的原因是他的同班好友叶子在上我的数学课。叶子对他说："杨易老师的数学课上得很有趣,我以前不喜欢学习数学,但自从跟着杨易老师学习以后,觉得数学题变简单了,掌握了很多新鲜、有趣的解题思维方法。"

小林是个聪明的孩子,他做题快、阅读广泛,知道的知识也很多,在我的课堂上经常会有一些奇思妙想。

为了更好地挖掘他对数学学习的好奇心,对于他一贯的奇思妙想,我从来都不会去敷衍、打断或者拒绝。我会迎合他的奇思妙想,把他的好奇想法与数学上的某个知识点关联起来,与他产生共鸣,保护他对数学学习的天然好奇心,推动他在数学学习中解决难题、扩展知识、拓展视野的主动性。

对于孩子这方面好奇心的引导,我不会表现得过于明显,让孩子感觉老师是在哄着他玩,所有的东西都是老师设计好的,等着他去发现。小林在学习中主动思考的问题,恰恰是他最感兴趣的点。这时我就会换位思考,迎合他的想法去设计,让他觉得数学学习的趣味性更加高级。

自从小林加入我的数学培训课后,我的教学方式对他很有吸引力,偶尔因为特殊原因要停课一次,他也催着父母来问我,是不是可以补一次课?

小林这么爱上我的课,有点出乎我的意料,但我很高兴设计的课程能被孩子认可,这达到了我的目的。

对于孩子在课堂上感到好奇的事情,如果老师不进行引导,而是反应平淡,久而久之,孩子的好奇心就慢慢被磨掉了。

好老师应该在孩子感到好奇的时候,充分挖掘他们对事物的探索欲,从孩子的思维角度出发,和他们一起去探索这件事情背后的各种可能。

课堂上，我会尽可能去做好这方面的引导。当孩子提问时，不管什么样的问题，我都会肯定孩子问得好，然后继续说这个问题有意思在哪儿，并和他们说其中的原因。无论是我的语言，还是我的情绪都会传递出这件事很有趣，让孩子觉得他要花时间去了解这件事。

例 题

我会在课堂上讲一些数阵图，这其中包含数独这种特殊的数阵图。如下图所示：

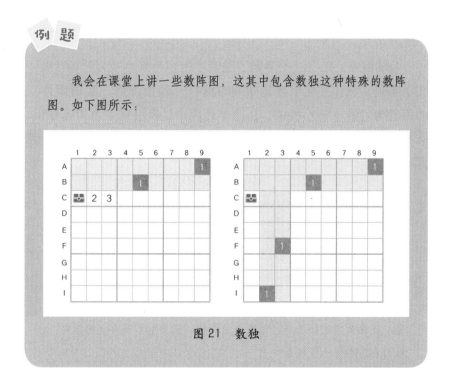

图21　数独

好的老师不仅能充分激发孩子学习的好奇心，他自身也必须是一个有着满满好奇心的人。因为如何把一道让人感到好奇的数学题目讲得生动，去挖掘题目本身能引发孩子好奇探索的点，这其实是非常考验讲课老师是否具备好奇心的。

我在教学过程中产生的奇思妙想，恰恰是建立在学生时代的好奇心之上。我的好奇心一方面源于小时候特别喜欢看百科全书类的书籍，这些书籍涉及地理、历史、物理、化学等各个学科领域。在我广泛阅读的那个阶段，正是思维能力还不是特别强的时候，那时的知识积累对我来说太重要了。

当我的知识积累越来越丰富，我对认知层次的要求也越来越高。在好奇心的驱动下，我会去问很多问题，从"是什么""为什么"到"怎么办"，在这样一系列递进式发问中，我的好奇心被全面挖掘出来。

我的好奇心的另一个来源，是我小时候特别喜欢自己动手做一些小实验。利用生活中容易得到的材料，如橡皮筋、废旧零件上的齿轮等，做一些小机关。在这个过程中，我用到了力学等知识，掌握了滑轮的运动、物体的弹性这些小原理，这些对我后来物理课的学习有很大的帮助。

我教过的一位女生，在上我的课之前，数学成绩并不好，而且和她一起来上课的同班同学数学成绩比她强很多，属于学霸级别的。但她有一个很大的特点，就是在学习中的好奇心很强。

在强烈的好奇心驱动下，她不仅跟上了学霸同学的数学学习深度，并且数学成绩从一、二年级的倒数，提升到了三年级的中等，继而在四年级一跃成为中上。

这位女生的妈妈告诉我，从小到大，她一直在引导孩子对好奇事物的探索，从来没打压过孩子的好奇心。在孩子三四岁的时候，别的妈妈都在教孩子认字或者学数学，上各种兴趣班，她就带着孩子经常出去玩，看大自然的各种现象。孩子的好奇心得到了充分的满足，想象力也得到了空前的提升。

"妈妈，老天爷有开关，开着就下雨了，关上就不下雨了。"

这位女生 3 岁时坐在阳台上对妈妈说的这句话，让妈妈有一种意外的惊喜，她惊喜于好奇带来的创意。等上小学二年级时，从没上过画画培训班的她，却在参加北京市海淀区的画画比赛中获得了一等奖，这一次获奖又给了妈妈意外的惊喜。

很多时候，我们千万别小看好奇心给孩子的学习带来的帮助，以及基于它带来的正向反馈。

主动思考

对于数学与思考之间的关系，我在本书第一章第三节已经提过：数学和编程一样能教会孩子思考。这主要是从数学激发孩子的思维能力这个角度去解读的，会相对偏理论一些。

本节提到的是主动思考和独立思考，是将思考作为学好数学过程中容易被忽略的技巧进行解读的。因此，无论是对主动思考还是独立思考的阐述，都会更偏具体的操作方法。

周易《易经·蒙》里的一卦："匪（'非'的通假字）我求童蒙，童蒙求我。初筮告，再三渎，渎则不告。"

这一卦的前一句"匪我求童蒙，童蒙求我"，生动形象地说明了学习中主动思考的重要性。这句话的意思是：不是我求教于蒙昧无知的孩童，而是蒙昧无知的孩童求教于我。深入理解一下，就会发现它包含了一个深刻的教育哲理：学生应该主动向老师学东西、向书本学东西，只有发自内心地主动学习，才能学到真东西。如果孩子整天让父母求着读书，等着老师填鸭式地教……那其实是学不进多少东西的。

"我思故我在。"这是法国著名数学家勒内·笛卡尔的至理名言，他认为思考是唯一确定的存在。他在数学上的主要成就是创立了一门数学分支——解析几何。他有一个习惯是晚起，但他的晚起并不是真正意义上的"睡懒觉"，而是躺在床上冥思苦想，这是他主动思考的深入过程。

笛卡尔回忆，那些在冥思苦想中度过的漫长而安静的早晨，是他数学思想的真正来源。据说，他是在床上看到屋顶上蜘蛛的结网运动，才发明了坐标系。

提出问题、分析问题、解决问题，这是学习数学的过程，其中提出问题是第一步，这表明了主动思考很重要。想学好数学这门学科，光靠在学校里接触到的知识量是不够的，如果孩子具备了主动思考的能力，就会挖掘更多课本以外的知识，在数学学习上会有更多发展，也更容易有上进心。

当孩子主动思考问题时，他也会想很多解决问题的方法，这也促使他去学习更多的知识。这是一个正向反馈的过程。

怎样才能更好地引导孩子主动思考，需要家长和老师发挥自身的作用。当孩子向我们求助时，我们需要懂得怎么设问。

小时候，爸妈和姥爷会经常做一件事，当我需要了解一个重要的知识点时，一般他们都不会直接说出来，而是问我："你想一下，在这个地方需要怎么做才行？"用这样一种方式，尽可能多地启发我思考。

例题

上幼儿园的时候，姥爷曾给我出了一道题，现在看来可能就是一道简单的小学奥数题，但在那个时候却给我留下了深刻的印象。

一个农夫要带着他的羊、狼和白菜过河，但他的小船只能容下他和羊、他和狼或他和白菜。如果他带狼走，那留下的羊将吃掉白菜；如果他带白菜走，狼将吃掉羊。只有当人在的时候，白菜和羊才能与它们各自的掠食者安全相处。问：农夫要怎样才能把每件东西安全带过河？

第一步：农夫将羊带过河，留在对岸；一人返回后，再将白菜运至对岸。

第二步：将白菜留在对岸，并把羊带回去；将狼运至对岸；让白菜和狼待在一起；最后农夫回去将羊带到对岸，成功。

图 22　农夫过河问题

当时姥爷没有直接给我讲出答案，而是鼓励我在玩的时候自己尝试寻找答案。在这个过程中，我就用玩具进行模拟，最终想出了解题步骤。

姥爷对我在玩中解题的引导，让我找到了解题的乐趣，并且养成了主动思考的习惯。日后我在数学的学习中遇到类似的问题时，一般不直接问答案，而是会自己先试试，享受思考的乐趣。

孩子不会天生就主动思考，孩子在主动思考的初期并不会想得很全面，需要大人进行合理引导。同时，主动思考更重要的是过程，不要太在意结果。

家长和老师的正确引导还包含了对错误结果的态度。如果孩子在主动思考中大部分结果都是对的，我们就不必太在意他思考过程中那小部分错误的结果，急着帮他去做分析完善。在孩子不断成长和接受新知识的过程中，他会对之前自己的思考结果不断优化和完善。这个不断优化和完善的过程又是一次新的主动思考，如此循环多次，孩子的主动思考能力就会越来越强。

如果孩子在主动思考中大部分结果都是错误的，我们可以用一种设问的方式，用适合孩子的思考路径进行合理引导。

在给孩子讲解正方形的知识点时，我画了一个正方形，问孩子：这属不属于长方形？孩子的回答是不属于长方形。这显然是一个错误的结果。这时，我就在孩子错误结果的思维方向中进行设问引导。

我："那什么东西属于长方形，还记得吗？"

孩子："对边相等，四个角都是直角的图形。"

我："这个图形四个角都是直角吗？"

孩子："都是。"

我："对边相等吗？"

孩子："是，而且它四条边都相等。"

我："那它是不是在长方形基础上，满足了更多条件？是不是一个非常特殊的长方形？"

通过这样引导，孩子不仅意识到了自己的错误，也把这道题的正确答案记住了。

我经常鼓励孩子去主动思考，在他们主动思考的过程中，特别是在初期，我一般都不会过多干涉。当孩子主动思考的结果与我们的预想不一样时，我们不妨先顺着孩子的思考路径走，在关键点上给予提醒和区分，让孩子自己明白他错在哪里，这比直接说出结果更好。

主动思考能力强的孩子，主动搜寻答案的能力也特别强。我教过的很多数学成绩优秀的孩子，他们碰到不懂的问题或者一个全新的知识点时，会第一时间去查资料，主动寻找答案。在寻找过程中，如果遇到一些难点问题，他们才会去找老师或者家长做更深入的探讨。

独立思考

《周易·蒙》中"匪我求童蒙，童蒙求我"这句话蕴含着主动思考的哲理，而它的下一句"初筮告，再三渎，渎则不告"则蕴含着独立思考的哲理，即连续问同一个问题或是不断地问，就不再告诉他了。一是问多了老师接受不了，根本不可能几句就讲通，还要有实践的阶段；二是问太多就是态度不端正、轻浮，所以要适当。

一个孩子如果不停问问题，特别是不停问同一个问题，证明他缺少独立思考的能力，喜欢依赖别人的思考结果，或者期望别人帮助他进一步解决问题。

《周易》的这个"蒙卦"将思考的两个层面——主动思考和独立思考——的辩证关系说得很明确：主动思考是独立思考的前提，独立思考比主动思考更进一层。

为什么要学会独立思考？德国哲学家叔本华在《论独思》一文中对这个问题进行了阐述。他用图书馆做了很形象的比喻："图书馆的规模可以很大，但是倘若它内部杂乱无章，其功效反而不如规模虽小，却井然有序的图书馆。同样，一个人可以拥有广博的学识，但是，倘若他不经过独立思考，并加以消化吸收，那么这些学识就比那些虽然有限，却经过仔细思考的知识在价值上小得多。因为唯有当一个人从不同角度对他所有的知识进行反复考查，并借助将事实加以比较对照的方法把他所了解的事物联系起来，他才能真正完全理解它，从而充分发挥它的作用。"

这也说明，孩子独立思考的能力就是一种对知识融会贯通的能力，能够把学到的知识应用自如，并且做到内化，从而产生智慧，用自己的智慧去解决现实问题。

为什么孩子在学习数学的过程中缺少独立思考？因为他们在学习数学的时候急于寻求题目的答案，存在一种懒惰倾向。数学成绩一般的孩子一拿到数学题目，特别是应用题，立马会说："老师，这道应用题我不会做。能不能先给我讲一遍？"在我的课堂教学中，这样的孩子很多。

遇到这种情况，我不会直接拒绝。直接拒绝或多或少会打击孩子的自信心，我更倾向于采用一种委婉的拒绝方式，一步步引导孩子自己去思考，进而做出判断。

我："你哪儿不会？"

孩子："我哪儿都不会。"（这就是明显的独立思考能力不够。）

我："题目中的哪句话不理解？"

孩子："我都不太理解。"

我："我们先看第一句，里边包含了哪些条件？"

…………

任何一道应用题，从整体来看，每个孩子理解起来都比较困难，但如果分开去看每一句话，其实就不难理解了。因为基本上每句话都讲了一个条件或者前提，比如说明了一个物体有多长，移动速度有多快，一个物品价格是多少……这些都是孩子容易理解的。

我每次都给孩子设置一个非常简单的问题，让他们去解答。在这个过程中，孩子就不得不思考，因为这个问题已经简单到老师没法再解释了。

我先引导孩子分解问题，再来看题目求的是什么，应该采用什么方法。这样一步步提示引导下来，逼着孩子改掉思考懒惰的毛病。

我教过的一个五年级的学生吉吉，是一个聪明、好学的男孩，他的爸爸妈妈一直以来对他的学习也很重视。在上我的数学课之前，他也报过其他数学培训课，但他妈妈总觉得他缺少独立思考的能力。

"老师讲的他都明白，但他就是不爱动脑筋。之前给他报的数学培训班，老师通常把解题的方法直接告诉他，他做题基本上就是用各种方法去套。吉吉记忆力很好，英语和语文课上需要背的东西，他很快就能背下来，但在任何学习中都缺少钻研和琢磨的过程，喜欢追求快速有收获。表现在体育方面也是这样，比如打篮球，他就想三步上篮，就想得分，但是练球、拍球和运球这些基本功就不想花心思去练。"

吉吉妈接着说，她发现了吉吉不爱思考的这个问题，但不知道怎么去引导他。她一直认为学会思考对孩子来说很重要，就像她自己一样。她在研究所工作，经常做实验，一个实验可能要做千百遍才会有结果。这个过程是很枯燥的，但也是很基础的，这个工作是不能省略的。特别是这样的工作更需要有踏实和思考的精神来支撑，是需要沉下心来的。因此，她希望吉吉在学习中能养成踏实、爱思考的习惯，这样才能支撑他未来更好地学习。

在和吉吉接触的过程中，我也发现了他有这方面的问题。因此，在课堂教学过程中，针对吉吉的特点，我在讲解题目的时候故意设置一些难点，让他自己去动脑筋思考。经过一段时间的尝试，我发现他不爱思考的习惯一点点改变了。

尽可能用耐心去启发、引导孩子进行思考，对于培养孩子的独立思考能力很重要。但要真正培养孩子独立思考的习惯，还需要让孩子学会质疑，通过质疑学会独立思考。

笛卡尔在方法论上是一个彻头彻尾的怀疑主义者，他认为怀疑是一种必要的手段，也是哲学和心理学中的一个工具。

如何让孩子学会质疑，这就需要老师给孩子营造一种和谐、宽松的教学环境，激励孩子敢于提出问题和勇于质疑。只有这样，孩子才会更进一步思考问题和探究问题，从而进行创新性的认知活动，最终掌握思考问题的技巧和方法。

我的课堂上会充满疑问句。我会去质疑孩子的解题答案，也允许孩子质疑课上讲的一些知识点。在这种相互质疑中，孩子学会了思考。

比如，解一道题，孩子给出的答案是 80 个苹果。在他报出答案的一刹那，我会反问："答案是 80 个苹果吗？"这时，孩子一般会再去思考一下自己的解题步骤，确认这个答案是否正确。

孩子重新思考后，会告诉我："老师，答案就是这个。"我才公布最终的答案就是 80 个苹果。

这时，孩子会问我："明明是对的，为什么您一开始要质疑我？"我就告诉他："我只是问一下，如果被问后自己都不确定，证明你对这个问题还没有思考得很深入，需要反复思考一下。"

同样，我在课上讲了一个知识点，孩子有时也会不认可，我很欢迎他们的这种质疑。比如，他们会质疑我："这个方法适用于所有情况吗？"我就会告诉他们："你可以试试。有没有反例，你可以帮我找找。"

孩子质疑老师讲解的知识点是很可贵的做法，表明他们学会从更多元的角度对问题进行思考，很多时候也可以促使我把这个知识点讲解得更深入透彻。

对应到我的学生时代，我其实也是在各种质疑中学会思考的。"理科思维通达，对问题思考深入；有自己的独到见解，敢于质疑，在中学时能够独立建立知识网络体系。"这是我的高中物理老师对我的评价。在质疑中学会独立思考，这是我给老师留下的一个很深刻的印象。

专注力

专注力又称注意力，是指一个人专心于某一事物或活动时的心理状态。人的注意力受多方面因素的影响，注意力不集中常常是许多学习差的学生共同的特点。

美国心理学家丹尼尔·戈尔曼说过，专注力比智商更能影响一个人的最终成就。同样，法国生物学家乔治·居维叶曾说："天才，首先是注意力。"

根据国外的一项研究报告证实，98%的孩子智商都是差不多的，只有1%的孩子是天才，也只有1%的孩子是弱智。那为何在100个孩子当中，成绩悬殊会那么大？最主要的原因就是专注力的差异。成绩差的孩子往往注意力不集中，无法持续地学习与做事。联合国教育、科学及文化组织进一步指出，孩子的注意力水平差异是导致学习效果差异的主要原因。

专注力是一种能力，这种能力体现在两个层面：一是在一件事上能专注的最长时间是多少；二是在一件事上专注的最大精力有多少。由此可见，时间和精力是评价专注力的两个维度。

数学和别的学科最大的区别之一是思维链条长度的差别，即解决一个问题要花费的时间长度不同。我们在解一道数学题的过程中，从读完题到动笔之前，要用比较长的时间去思考解题过程，这是学数学和解数学题的一个难关。

这个思考过程很需要专注力。专注力强，思考过程就不容易被打断；如果专注力不强，思考过程中就很容易走神。特别是在读完题目后一直思考，过了一段时间还没有得到结果，如果这个时候专注力被打断，或者注意力集中不下去了，我们就会去做别的事情。一旦注意力转移，就很难再找回此前的思路，因为做了一半的事情，回来想继续下去是非常困难的。

　　与数学相比，我们会发现，语文除了阅读文章本身花的时间比较长，解决任何一个问题的思维链条都不会像数学那么长。无论是语文的基础知识，比如写字、默写、改病句，还是阅读一篇文章之后回答老师提出的问题、写读后感等，都是每完成一个步骤，就能很快获得成就感，不会有一个特别长的空置时间。所以，语文学习从看题到解题这个过程对专注力的要求会相对低一些。

　　相比较而言，数学学习对于专注力的要求更高。专注力的强弱，会直接影响这门学科的学习效果。

　　专注力不强的孩子，学习效率往往也不高，需要花费更多的时间去解题。比如，同样一道题目，让专注力强的孩子来解，10分钟就能解出来。如果让专注力不强的孩子来解，在解题时他的思考过程会不断受到干扰，最后要花多于他人一倍的时间才能解出这道题，非常不利于他的数学学习。

　　专注力在课堂上会带来更明显的效果。因为40分钟的上课时间，已经超过了绝大部分孩子能够专注的最长时间，特别是孩子一旦在课堂上不专注，单靠老师来提醒，收效甚微。

　　　　我曾经带过一个班级，这个班里的一部分孩子上课很难长时间专注，只能专注于上课的前10分钟，10分钟后就坚持不住了。他们中的有些人开始玩橡皮，有些人相互聊天，有些人甚至开始打瞌睡，走神非常明显。

　　　　这个时候，我会提醒他们集中注意力，让他们再集中时间听15分钟，过后就会进入自由做练习题的时间。但我发现无论怎么提醒，这些孩子最多能再认真听讲5分钟。

　　那么，老师该怎么改变这种状况？我在后来的教学实践中改变了课程设计。一堂课一开始，我会讲解 10 分钟的例题，接下来会安排一个 20 分钟做练习题的环节。在做练习题的过程中，我会再穿插讲一个和这个例题相关的故事，拓展一下孩子的解题思路。这些都是我从课程设计的技巧层面去延长孩子对一件事情专注的时间。既然孩子已经无法对一件事情保持专注了，就不要勉强，通过帮孩子做思维转换，让他们投入一个新的环节中，让他们的专注力在新的环节中持续拓展。

我会在课堂上和孩子做一些互动的小游戏，这些游戏环节都是在讲题过程中进行的。为什么要突然穿插一个小游戏呢？目的是为了给孩子换一换"脑子"。这些小游戏和数学有一定的关系，比如可以锻炼孩子的计算能力、对一些图形的逻辑分析能力等，总之和数学的整体学习是不冲突的。

同时，通过这些有趣的小游戏，孩子疲惫的精神状态得到了缓解，孩子重新在课堂上兴奋起来。这样做对于孩子听接下来的数学知识点还是很有效的，让孩子的专注力重新得到提升。

我发现，越是马上要讲到重点数学知识，老师就越要沉得住气，先让孩子做个小游戏，适时提升孩子的听课状态。这实际上就是"磨刀不误砍柴工"，调动孩子的状态，借此机会一口气把最难的部分讲完。

有时候，我一节课上两三个小时，家长也觉得不可思议，觉得孩子竟然可以集中这么长时间的注意力去听课，这其实与我的课堂整体设计有关。

在我教过的孩子中，那些数学学习成绩优秀的学生，他们的学习习惯各不一样，各自的家庭教育习惯也有差别，但他们有一个非常明显的共同特质——专注。

每个人生来的专注力都差不多，为什么随着孩子长大，专注力的差别会越来越大，有的孩子专注时间长，有的孩子专注时间短呢？这说明专注力与日常培养训练有一定的关系。

比如，我发现有一技之长的孩子，专注力相对也比较强。他们能花一小时弹钢琴或者练舞蹈，这其实也是一种专注的表现。从这个层面上我们也能发现，让孩子把时间花在自己喜欢或者擅长的事情上，从这些事情上培养的专注能力，可以迁移到他们不擅长的事情上，最终实现在大多数事情上都有较好的专注力。

这是因为孩子一旦专注在自己喜欢的事情上，就会在这件事情上不断钻研，养成了愿意在一件事情上钻研的专注品质。慢慢地，这种品质也会潜移默化地影响他去做别的事情。

我小时候特别擅长做手工，差不多做过所有类型的手工，比如木工搭建、针线活（缝布艺、绣花等）。记得我妈妈过生日时，我给她缝制了一个笔筒作为生日礼物，让她放在办公室。我的针线活儿还是挺好的，我妈妈有时候会感叹，说我缝衣服比她强。

正是因为做手工这件事，我从小就很有耐心，可以连续做一件事情并专注很长时间。

图 23　送给妈妈的手工缝制笔筒

专注力在一定程度上也是指孩子的抗干扰能力。我们在培养孩子专注力的过程中，尽量不要过多地打扰他。

比如，孩子在玩玩具，这时电视里正在播放孩子喜欢的动画片。如果这时你打断孩子玩玩具，让他去看动画片，就是一种不恰当的行为。我们强迫孩子从玩玩具转移到看动画片，他玩的过程就被打断了。

还有一种场景，我们在日常生活中也会经常碰到。孩子回家正在做作业，写了 20 分钟还没写完，这时如果我们担心孩子饿，提醒孩子吃水果，就会干扰孩子做作业的专注力。

有人认为，这种反复打断能够训练孩子的定性，实则不然。要知道，年龄越小的孩子抗干扰的能力越弱。被习惯性地打断，他就很容易放弃，导致做任何事情都不能持续太长时间。

在解数学题的过程中，遇到难题是常有的事。如果解一道难题需要思考 30 分钟才能解出来，但孩子的专注力只有 25 分钟，那这道题可能永远也想不出答案。

遇到这种情况怎么办？最好的方法是把 30 分钟的时间进行拆分，拆成两个 15 分钟。思考 15 分钟后，用笔把前期的思考路径记录下来，阶段性记录已经有的思考成果；在剩下的 15 分钟里，就可以沿着之前记录的思考路径完善解题思路。

针对孩子上课容易走神的情况，老师应该提醒孩子动笔记下一些知识。一方面，手脑交替使用能提高大脑的活跃程度，让专注力得以延伸；另一方面，将一些知识点及时记下来，过一会儿即使分神，也不至于忘记，还可以从笔记本上回顾。将思考与动笔有效结合，对于专注力的提升有比较大的帮助，在一定程度上可以提高孩子的学习效率。

在我教过的孩子中，很多孩子上数学课专注力弱，但他们在玩的时候都特别专注，能坚持很长时间。有家长跟我说："杨老师，我家孩子上数学课专注力不好，但是玩游戏可以玩一个多小时。"这是因为孩子对玩游戏比学习更有兴趣，而且游戏里会有东西不断吸引孩子的注意力，让他愿意去做。

针对这种情况，我们可以将孩子玩游戏时体现的专注力与学数学之间建立关联。比如，孩子玩数学只能专注 10 分钟，玩游戏能坚持 1 小时，如果将游戏和数学进行关联，孩子学习数学的专注力可能就会提升到 40 分钟。

比如，可以给孩子制订一个规则，规定他专注学习数学 40 分钟后，就能玩 30 分钟的游戏。用玩游戏的方式激励孩子学习数学的专注力，这个过程就是把能专注和不能专注的事情进行有机结合，从而达到目的。

在这个有机结合的过程中，我想告诉家长，别走进这样一个误区：孩子作业做完后，家长不看孩子作业完成的质量，直接告诉孩子可以去玩了，并且对孩子玩这件事也没有任何时间限定。这会导致孩子对做作业这件事越来越敷衍，对要求选做的内容直接选择不做了，或者尽量缩短做作业的时间，无限延长玩的时间。久而久之，孩子的专注力不但得不到提高，反而会使他形成做事敷衍的态度。

正确的做法是，家长应该对做完作业去玩这件事进行"明码标价"。作业达成一个什么样的目标，才能奖励玩游戏，并且每次玩的时间和形式都要有恰当的限定。合适的引导方式应该是每天认真做完作业后，最多只能有 30 分钟或者 40 分钟的玩游戏时间。这种有条件限制的游戏时间，会让孩子觉得这个奖励是通过努力获得的，能更好地约束自我，同时也能让他们觉得这个快乐来之不易，会玩得更尽兴。

还有一种方式是，直接将数学知识植入游戏中，将数学题目演绎成小游戏。比如，小学阶段的很多孩子都很不喜欢竖式计算，觉得这是计算器干的事，很无聊、很无趣，也没什么成就感。每次让孩子练习写竖式，出4道题，孩子一般算到第二题或者第三题的时候，就开始玩橡皮，或者干别的事情。

"节奏大师"是一款音乐节奏类益智游戏，从上面掉下来一些音符，在下面按中了就会播放音乐。这款游戏孩子能玩很久，参加过"最强大脑"的小朋友也都非常钟爱这款游戏。

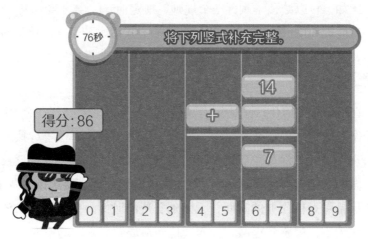

图 24　数学竖式练习

我在新东方的数学课上发现，软件工程师为我们开发了一款教学软件。将数学竖式练习题设计成"节奏大师"里的音符，竖式练习题从上面不断往下掉，在掉到底之前，输入答案就会给出一个反馈。起初我抱着活跃气氛的心态给孩子们打开这个游戏，没想到大多数孩子会主动练习10道以上的竖式练习题，也不觉得无聊。

家长还可以跟孩子一起用现成的口算卡片做记忆游戏。先看第一个口算算式，然后看第二个算式时，同时回答第一个算式的结果；看第三个算式时，回答第二个算式的结果……如此循环。在做这个游戏的时候，需要孩子全神贯注地投入，不停练习能有效训练孩子的工作记忆能力。

说到注意力训练方式，我给大家推荐舒尔特方格（Schulte Grid）。在一张方形卡片上画上 25 个方格，格子内任意填写 1 ~ 25 这 25 个数字。

在进行训练时，要求孩子用手指按照 1 ~ 25 的顺序依次指出不同位置上的数字，并且读出声，家长可以在一旁记录所用时间。数完 25 个数字所用时间越短，表明注意力水平越高。这个注意力集中训练方式，从孩子四五岁就可以开始练习了。

舒尔特方格是全世界范围内简单、有效、科学的注意力训练方法。寻找目标数字时，注意力是需要极度集中的，反复练习这个短暂、高强度集中精力的过程，大脑的集中注意力功能就会不断地加固、提高，注意水平越来越高。

23	6	10	25	17
12	15	1	5	24
18	19	11	7	8
22	3	2	14	9
13	20	16	4	21

舒尔特方格评分对照表				
年龄	优秀	良好	中等	及格
5~6岁	30秒内	30~40秒内	40~48秒内	55秒内
7~11岁	26秒内	26~32秒内	32~40秒内	45秒内
12~17岁	16秒内	16~18秒内	19~23秒内	24秒内
18岁及以上	12秒内	13~16秒内	17~19秒内	20秒内

图 25　舒尔特方格及评分标准

归纳总结

在学好数学的七大要素中,归纳总结属于一个比较高级的技巧。为什么这么说?因为归纳总结一旦用好,它对于高效学习数学是非常有帮助的。

那么,如何掌握这种高效学习数学的技巧?很简单,只要做好以下几件事:记笔记、改错题、课题小调研和课外阅读知识点的归纳总结。

记笔记对于专注力的提升很有帮助,同时也能培养孩子归纳总结的能力。孩子在上课的时候,听老师讲课是一回事,自己思考和分析问题又是一回事,记笔记则能把听和想有效关联起来,写下来总结成自己的知识体系,是从听到想这一过程的完整记录。

现在的孩子早期涉猎的知识面广,可以说是知识渊博。有时我和孩子讨论一个话题,他们可以就这个话题侃侃而谈,说上 30 分钟都不会累。但如果我让孩子将这个话题讨论后写成一篇作文,很多孩子顶多只能写上三五句话,就觉得没什么好写的了。

写作在某种程度上就是考验孩子的归纳总结能力,将自己侃侃而谈的观点总结成文字进行输出。这个过程需要孩子对语言加以提炼，是一件很难的事情。

另外，听同样的内容，每个孩子的笔记都不一样。因为记录下来的一般都是孩子认为重要的地方，这些重点是否和老师讲的重点吻合？孩子能否明白老师讲的这个知识点的核心所在？这些问题都可以通过笔记体现出来。所以，记笔记真正考验的是孩子抓重点的能力，看能否跟上老师讲解的思路，知识能否做到更新升级。

下面就数学学习中如何正确记笔记的问题，帮大家做一个简单的梳理。

●记知识点框架。主要记老师讲课的纲要部分和重点部分，这些框架知识点记下来后，孩子就能大致掌握今天学了什么，某个应用题题型的出处在哪儿，学了几个公式，等等，方便后期调用。这个过程相当于在电脑上用文件夹分门别类进行记录。

●记核心。记下这节课最重要的内容，比如核心概念、公式及解题技巧等。记一个核心就能关联起所有的知识点，对于数学来说，老师在推导某一个公式时的思路，以及在这个过程中用到的小技巧非常重要。

●记逻辑关联。记下这个知识点对应了书中的哪些例题，这个公式运用了之前学过的哪些知识点，此处曾经错过哪些题目等。

俗话说："好记性不如烂笔头。"通过记笔记可以帮助孩子加深记忆，避免遗忘。听和想是一次记忆储存的过程，而记笔记就是二次储存，是对记忆的加强。

另外，将数学这门学科中的重点都记录下来，会让孩子日后更高效地复习。根据德国著名心理学家艾宾浩斯的记忆曲线理论，输入的信息在经过人的注意过程的学习后，便成为人的短时记忆。但是如果不经过及时复习，之前记住的东西就会遗忘，而经过及时的复习，这些短时记忆就会成为长时记忆，从而在大脑中保存很长的时间。

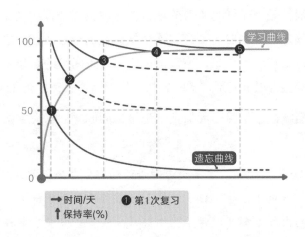

图 26 艾宾浩斯记忆曲线

复习点的确定（根据艾宾浩斯记忆曲线制定）

第一个记忆周期	5 分钟
第二个记忆周期	30 分钟
第三个记忆周期	12 小时
第四个记忆周期	1 天
第五个记忆周期	2 天
第六个记忆周期	4 天
第七个记忆周期	7 天
第八个记忆周期	15 天

电视剧《小欢喜》围绕"高考"这个热门话题，讲述了 4 个孩子、3 对父母的备考故事。在这部电视剧里，每个人都能找到属于自己的学习及高考印记。剧中的一个场景让我记忆深刻，而且与归纳总结有一定的关系。

剧中一个叫季杨杨的孩子，在高三第一个学期期中考试没考好，他爸爸觉得是因为之前对他的学习陪伴太少了，于是拿出自己 20 多年前参加两次高考的学习笔记。这本学习笔记有季杨杨爸爸第一年高考失败总结的经验，也有第二年参加高考时的学习体会，其中包含一个错题集。他告诉季杨杨，这个错题集将每次考试卷子上的错题进行了分类处理，如选择题、填空题、解答题等，目的是提醒自己犯过的错误不能再犯了。

剧中的这位爸爸用"笔记＋错题集"的方法，对自己当年的高考学习做了很好的归纳总结。这位爸爸对孩子说："咱们学的东西虽然不同，但学习方法是可以沟通的。"我赞同这个观点，不管知识怎么变化，通过归纳、总结经验教训，把它转换成一种学习方式，这在任何时代都是不过时的。

这位爸爸提到的错题集，是归纳总结的核心方法之一。那么，什么才是改错题正确的打开方式呢？

要做有重点的改错。不管是老师还是家长，要求孩子改错时应该注意，并不是任何题都必须记录下来。比如 3 + 7 = 10，孩子错写成了 11，这样的题不需要做改错总结，因为它不具备推广性，属于偶然性错误，不是系统性错误。总结太多，反而是一种干扰。只有系统性错误的题才有必要记录，因为系统性错误的题一般都是孩子真不会做，或者是孩子不理解的。将这些题目及时做归纳总结，有助于孩子更深入地了解、掌握知识点。

改错不能简单地将错误答案划掉，写上正确答案。为了提醒自己今后不再犯错，把错误的过程和错误答案抄到一个新本子上，然后再在上面划掉，写上正确的解题过程和正确答案，这不算是一种最佳的改错题方式，因为在这个过程中有些孩子反而可能会加深对错误的印象。规范的改错方式是，在改错之前要先思考一下这道题出错的原因到底在哪儿，然后在错题本上把出错的原因简单记录下来，比如是公式用错了，或者是思考不全面，又或者是不细心……简单记录下错误的原因或知识点，这样才能让孩子快速从错题中吸取经验教训。

当孩子下次复习回顾错题集时，他就能明确自己之前到底错在哪儿。如果在复习中对之前总结归纳的出错原因有了新的认识，也可以在旁边进行进一步的批注修改。

另外，将错误原因明确写出来，当错题收集得越来越多的时候，也有助于孩子将错题做一些分类，并分析原因。比如，总共有 10 道错题，就可以按照错误原因进行如下归类：公式用错有 3 道，解答不全面有 4 道，还剩下 3 道属于理解错误。

错题修改要建立在同类型题目做了一定量的基础之上。孩子刚学一种新的类型题目，老师一边讲，孩子一边做练习，这个时候出错是很正常的，不需要做错题总结。如果这个类型的题目已经反复做了两三次以上，做到了一定量的积累，孩子还犯错，那就需要归纳总结了。

多次犯错的题目要做重点标注。之所以多次犯错，是因为孩子对这个知识点还没有完全掌握，而多数学生不容易掌握的知识点就是考虑的重点、难点。比如，一种类型的题目连续错了 5 次，这说明这道题至少考了 5 次以上，将来还可能考，那就必须把它彻底弄清楚。

在课堂上，老师会非常注重错题的总结。错误是反映孩子学习弱点的地方，当利用错题集总结出一定的经验之后，孩子就会发现这就像一本病历，每次考试前将自己的错题集拿出来翻一翻，复习一下，对薄弱环节做到温故知新，考试的胜算筹码会增加很多。

为了提升孩子的归纳总结技巧，我在课堂上还会设置一些小思考、小调研或小实验。

如果这类课题完成得很好，我会给孩子们布置一个作业，让他们完成一篇数学小作文或者小论文，对调研课题做个归纳总结。当然，这个活动会受孩子写作能力的限制，他们很难用十分科学的观点去表达一个活动或实验的总结，但这个环节不在于最后呈现的观点有多么严谨、多么有科学价值，主要是为了锻炼孩子归纳总结的提炼过程。对一些好的作品，我会在课堂上设计一个表彰环节，在互动中让孩子对这类课程更感兴趣。

在孩子的归纳总结技巧不断提升以后，他们去做课外数学的泛阅读，比如读数学类、科普类的书，或者看电视时，就能将学到的相关知识及时归纳总结，记录成笔记，也能将课外阅读到的知识与课内学习进行更好的融合。

理解与记忆

"数学不需要讲得太深，孩子不需要理解得很透彻，会做题就行了。"很多家长把孩子送到数学培训班时，常常会对老师说这句话。

很多孩子在课外班靠老师教的一些解题方法，掌握了一定的解题能力，能应付考试，但他们对数学这门学科的认知没有建立在理解的基础之上，没有真正学到数学思维方法。我把这种状态称为应试教育压力下对数学学习的一种误解。

为什么说这是一种误解？学习数学需要强调理解，理解与记忆是学习数学的重要技巧。只有对数学的理解越来越深入，分析能力提高了，记忆的知识点越来越多，数学才能越学越简单。

　　数学是一门层层递进的学科，学习数学是一种由简到繁、由易到难的过程。它也是一门网状结构的学科，每个知识点之间相互影响。一个知识点可以延伸新的知识，两个知识点碰撞也可以产生新的知识。假如只会死记硬背，对于新的知识点做不到融会贯通，不会灵活应用，那么学的东西越多，记忆压力就越大。

　　在理解的基础上去记忆就不一样了。在理解的基础上记住一个知识点，下次要记忆新的知识点时，只要进行关联和发散就可以了，这样会越记越快、越熟练。假如两个知识点融合成一个新的知识点，甚至不需要额外花时间去记，因为理解了前面两个，自然也就理解了新的知识点。

行程问题基本公式	速度×时间=路程
相遇问题	速度和×时间=路程和
追击问题	速度差×时间=路程差
火车过桥	速度×时间=火车长+桥长
逆水行船	（船速-水速）×时间=路程
高度抽象概括: 一份量×份数=总量	

图 27　知识点的融合表

　　孩子记不住一些数学公式、概念或者定理等，并不是记忆力比别人差，而是他对这些知识点不理解，或者理解还不够深入。

　　如何让孩子更好地理解数学？对于低幼、小学阶段的孩子来说，考验的是老师的课程讲解设计。给孩子讲数学和给成人讲数学、做研究不一样，孩子理解能力有限，有的时候严谨并不是第一位的，如何把概念讲解得直观才是第一位的。一个对于孩子来说超前的知识点，如何用大白话讲出来，让孩子更容易理解，这是小学阶段数学老师最见功力的地方。

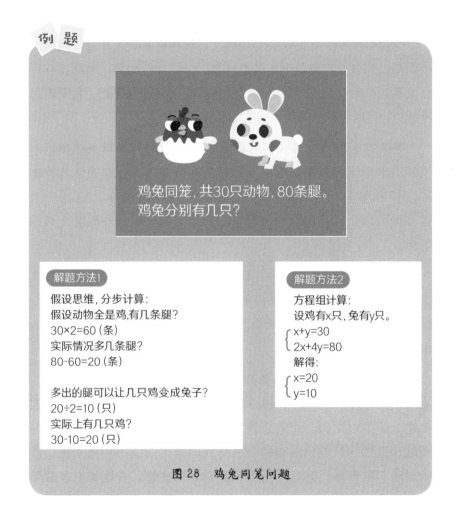

例 题

鸡兔同笼,共30只动物,80条腿。
鸡兔分别有几只?

解题方法1

假设思维,分步计算:
假设动物全是鸡,有几条腿?
30×2=60（条）
实际情况多几条腿?
80-60=20（条）

多出的腿可以让几只鸡变成兔子?
20÷2=10（只）
实际上有几只鸡?
30-10=20（只）

解题方法2

方程组计算:
设鸡有x只,兔有y只。
$\begin{cases} x+y=30 \\ 2x+4y=80 \end{cases}$
解得:
$\begin{cases} x=20 \\ y=10 \end{cases}$

图 28　鸡兔同笼问题

小学数学里没有二元方程组，也没有变化率与导数，这是高中才会接触到的概念，但"牛吃草"和"鸡兔同笼"这两个题目是小学数学的经典题型。如何讲解才能让孩子能听明白，并且了解这两个概念，还能在相同类型的题目中灵活应用，老师的课程讲解设计就变得很关键。

阅读

说起阅读，大家首先会想到语文。我与很多家长聊数学阅读，他们都很惊讶，觉得数学不就是计算、公式和符号等，和阅读有什么关系？当然有关系，数学这门学科需要很强的理解能力和逻辑思维能力，这两大能力与数学阅读都是分不开的。

苏联著名教育家苏霍姆林斯基在《给教师的一百条建议》中说："学生的智力发展取决于良好的阅读能力。儿童的学习越困难，他在学习中遇到的似乎无法克服的障碍越多，他就应当更多地阅读。阅读能教给他思考，而思考会变成一种激发智力的刺激。"

我不是天生的数学学霸，记得在小学二年级的时候，有一次数学口算测试，成绩是全班垫底的。后来我是如何提升数学成绩的？这其中阅读给了我很大的帮助。我一直认为我的数学思维是在阅读中慢慢建立起来的。

数学阅读的好处，我认为最重要的有三点：第一，开拓了眼界，增强了我对数学学科的好奇心和兴趣，同时帮助数学成绩垫底的我建立起了自信心。阅读让我在书里获得满足感，有一种伸手即可触及世界的感觉。拥有知识带给我的精神成就感和快乐感，让我彻底不再自卑。第二，拓展了数学知识视野，知道了更多数学与生活的关联。这让我在生活中学习数学，同时在生活中应用数学。第三，体会了数学的内在美，从最初看个热闹，逐渐发展为有自己的见解。

结合我个人的阅读体验以及这几年的教学体会，我把数学阅读分为三大类。

第一类: 开阔眼界的书。如《十万个为什么》《奇妙的动物界》《环球国家地理》《中国最美的 100 个地方》《文明古国》《文明遗迹》《现代科学》《外太空》等, 这些知识体系是孩子没有机会亲身经历或者亲眼所见的, 可以帮助孩子构建一个完整的世界观, 也最能培养孩子学习的好奇心和兴趣。

第二类: 动手操作、实验类的书。这类书有助于提升孩子的专注力和动手能力, 包括幼儿阶段爱玩的填色书、贴贴纸、走迷宫或者游戏连连看、手工折纸类等。这些书可以让孩子花比较长的时间专注地投入一件有趣的事。另外, 我小时候也经常看一些实验类的书, 看完自己还会试着去做一些实验, 验证书上的一些原理。这既培养了我的动手能力, 也增强了我的逻辑推导能力。

第三类: 数学科普或者科幻书。这类书重在开拓科学视野, 如人工智能、编程、航天等领域的前沿科技信息。书中会用一种很直观的形式展现科技发展的未来趋势, 像《宝宝的量子物理学》这类绘本, 就连脸书 (Facebook) 的创始人扎克伯格也用这本书给自己孩子进行科学启蒙。

在这里, 我想重点说一下第二类和第三类书对于数学学习的帮助。这两类书可以培养孩子的数学思维和科学素养, 增加孩子的逻辑性以及对于不同知识关联度的把握, 收获更多科学知识和数学知识。特别是动手操作和动手实验, 是一种对思维的延伸。比如, 折纸实验的是孩子如何折才能达成想要的立体结构, 这是对空间思维的一种延伸; 做实验是探究型思维的延伸, 是创造力的延伸, 这些都是数学学习需要具备的。

例题

　　有 4 筐零件，其中一筐每个零件只有 190 克，其他筐都是每个零件 200 克，这些零件的差别从外观上很难判断。有一个秤，要称几次才能知道哪一筐零件比较轻？

　　称一次就可以了。从第一筐里拿 1 个，第二筐里拿 2 个，第三筐里拿 3 个，第四筐里拿 4 个，假设每个 200 克，一共是 2000 克。如果是 1990 克的话，少了 10 克，那证明第一筐里拿出来的 1 个零件是轻的，如果是 1980 克，那证明第二筐里拿出来的 2 个零件是轻的……以此类推，这就是小学数学中的标数法。

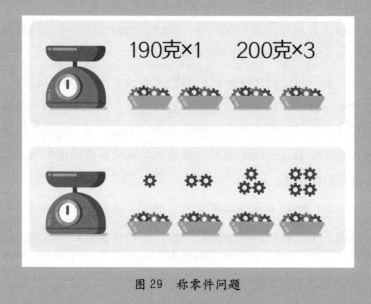

图 29　称零件问题

　　上面的题目用了数学中的标数法原理。在我小学阶段，老师讲解这些题目的知识点时，我早已在平时的数学阅读中不经意学会了。平时积累的数学阅读让我的课堂学习变得很轻松。

第二节

学好数学需要避免的误区

误区一：孩子在数学方面花的时间越多，成绩就越好

每次去各个学校做数学学习主题讲座时，在与家长的互动交流中，有一个问题被提到特别多次：我家孩子每天数学作业做到很晚，在数学上花了很多时间，但为什么成绩一直上不去？

一位上海的妈妈告诉我，她上小学六年级的女儿，数学一直是薄弱项，每次做数学作业都会花很长时间。每天晚上她都要做数学作业到十一二点，但数学成绩一直没什么起色。

面对类似这位妈妈的困惑，我会从数学老师的角度去质疑：做数学作业为什么要花这么长时间？在妈妈看来，孩子已经在数学上付出了很多时间，可为什么没能得到预期的结果？但很多时候，数学的学习效果不是由付出时间的多少决定的，付出时间多并不等于勤奋，也不是我们通常所说的"勤能补拙"。

首先，这个女孩数学学习花的时间长但没有效果，证明学习效率比较低，或者在这段时间并没有全心全意投入学习。数学学习的主要内容应该是思维训练。特别是到了小学高年级阶段，以及未来的初中甚至高中阶段。数学学习中的勤奋，不是指耗费时间或者耗费体力。因此，"磨洋工"到深夜的同学，并没有大脑高速运转一

个小时就把作业完成的同学勤奋。

学习数学需要高质量的勤奋，更需要头脑的勤奋，也就是本书一直在强调的关于思考的问题。无论是主动思考还是独立思考，都是决定孩子能否学好数学的关键因素。

在教学过程中，我观察发现，一般在课堂上会自己思考、频频提问的孩子，数学成绩相对好一些。小学三年级是数学学习的分水岭，在教学过程中，一些在一、二年级数学学得好的孩子，在三年级成绩开始下滑。这是为什么？小学三年级之前，数学学习主要靠记忆，记住一些计算规则、背诵一些计算口诀等，就能取得不错的成绩。但到了三年级以后，光靠记忆是行不通的，这时数学学习开始强调逻辑推理能力、从具体到抽象的思维能力等。三年级以后的数学作业或者考试，会更偏重于对孩子理解能力的考查。

孩子的学习压力重，做作业花费时间长，部分家长会认为老师留的作业太多了。给孩子留多少作业，一般老师都会做一些预先的评判。在老师看来，如果孩子认真思考，已经掌握了课堂上的知识，完成这些作业并不会花很长时间。孩子做数学作业低效，是因为孩子在做题时没有思考，只是简单地抄写和运算，没有达到期望的效果。

怎么纠正这一问题？首先，孩子回家做数学作业时，可以让他先简单回顾一下老师课上讲过的题目，这些题目与课上老师讲解的知识题是配套的。而且回顾的时候，白天的记忆被唤醒，就能回忆起老师上课讲过的易错点和难点，有助于提升效率。

其次，做好时间管理。这点很重要，考试的时候时间是有限的，可以让孩子把每次做作业都当成一次考试，养成在有限的时间之内完成规定任务的习惯。做题的时候，旁边放一个闹钟，假如规定作业必须在 30 分钟内完成，那就将时间设定为 30 分钟。这样的时间管理，一开始孩子会觉得紧张，但习惯这个节奏后，他就会严格控制数学题思考的时间，对提升效率会有很大的帮助。

对于时间管理，还可以做一个自我评判预估。比如，孩子做 3 道应用题要花三四十分钟时间，今天的作业有 5 道应用题，那就先做前 3 题，规定 30 分钟内完成。中间稍微休息一下，放松一下大脑，再花一点时间完成后面 2 道题。做题间隙可以适当休息，让注意力转换一下，因为写了三四十分钟作业后，做题速度会明显减慢，劳逸结合对提升效率会更有帮助。

不仅是数学学习，每天一定程度地投入一些时间做作业，对孩子来说是必需的，也不用太苛刻，要求每个科目必须在多长时间内做完，不要走极端。

学习数学要提升效率，家长可以帮孩子设定一个容易达到的小目标。如果孩子可以准确、高效地完成，用这种循序渐进的方式进行，就能很好地避开一些误区。

误区二：学习数学就应该提前学习高年级内容

我曾经教过三年级的数学竞赛班，当时有位妈妈领着孩子来报名。孩子才 5 岁半，还没正式上小学。

"为什么要超前学习三年级的数学课？"当我问妈妈这个问题时，她拿出了孩子的智商检测报告，结果显示有 150 多分，属于高智商的孩子。

"孩子天赋这么好，不想浪费了这种天赋。"这位妈妈表现出想让孩子超前学习的急迫心情。所谓超前学习，就是让孩子学习超过同龄人水平的课程。

对于超前学习的孩子，我们在招生过程中会特别重视。我仔细了解了这个孩子的数学学习情况，得知他在报考这个竞赛班时的考试成绩离录取分数差了 2 分，我当时就觉得孩子不适合超常学习，便说服他的妈妈别报这个班。

学习不仅和孩子的智商有关系，还和孩子的心智发育水平，包括社会阅历等都有关系。并不是智商高，就一定比别人学得好。很多时候，我们逼迫孩子学习，孩子反而会在学习中产生挫败感，导致过早厌学。

这位 5 岁半的孩子智商高，如果选择符合他年纪的数学学习课程，可以让他学得更好，在数学学习中可以建立更好的自信和兴趣。但在小学阶段的数学学习中，我们除了关注孩子的成绩以外，要更多关注孩子的心理健康，让孩子爱上数学学习才是最重要的。

在我日常教学中，每个班都有一定的淘汰率。这么做不是担心孩子成绩差拖后腿，影响了班级的整体成绩，而是出于对孩子负责任的态度。孩子一旦在班级成绩排名靠后，总是被其他人甩下，就会产生自卑心理，继而对数学学习产生厌恶。为了避免这种事情发生，把这些孩子及时调整到适合他的数学学习班，学难度相对低一点的内容，可以让孩子始终保持对数学学习的信心。

李开复当年刚去美国哥伦比亚大学读书时，学校安排他加入一个数学天才班，那里集中了哥大所有的数学尖子，一个班只有 7 个人。他在那里学习微积分理论，很快他就发现自己的数学成绩由最好的变成最差的。这时他才意识到，虽然他曾经是全州冠军，但是他所在的州是被称为乡下的田纳西州。当他与一些来自加州或纽约州的数学天才交手时，他不但技不如人，连问问题都胆怯了，生怕同学们看出他这个全州冠军的真正水平。这么一来，他的数学成绩就越来越落后。李开复说，当他上完这门课后，深深地体会到那些数学天才都是因为数学之美而为它痴迷，对数学超级喜爱，但他自己却并非如此。

由此可见，让孩子对数学产生兴趣，才是让孩子在数学学习中终身受益的事。

除了超常学习，家长也切忌从众。记得我上高中时，周围的同学都报了新东方的数学高考冲刺班，我当时没去了解冲刺班的具体学习内容，也和同学们一起报了这个班。但我去了以后，发现课很无聊，因为讲的数学知识我都会，一个学期下来，对我的数学成绩提升完全没有帮助，还浪费了我很多时间。

为什么会有这种差异？我总结后发现，我一直以来的数学学习都是冲着更高的目标去的，但绝大部分上补习班的学生并不是冲着这个目标去的。毕竟绝大部分去补习的孩子，目标不是冲击，而是保底。

因此，家长在给孩子报数学培训班的时候，最好能根据孩子某个阶段的学习重点，找到与他相匹配的学习体系。高考前的最后一个寒假，我及时调整了学习方向，不再去报学科中已是强项的补习班，而是根据我的弱势学科，选择了冲击高分的班，收到了非常不错的效果。

无论是网上的数学课程，还是线下的数学课程，我建议家长如果有机会，最好能和孩子一起听课程内容。这样做一方面可以整体了解课程内容设计，另一方面可以及时了解孩子的反应。在课上，如果孩子表现积极，并且在课后有所收获，那么这个培训班或者补习班就是适合孩子的。如果孩子感觉课程学起来很吃力，或者内容程度浅，老师讲解得不好，那么这对孩子来说就是不合适的，最好能及时做出一些调整。

无论是超常学习，还是给孩子报各种数学学习班、购买各种数学学习资料，很多时候并不在于量是否大，也不在于难度是否高，关键在于是否适合孩子，是否能让孩子始终保持对数学学习的兴趣和信心。

误区三：家长觉得某门课程没用，孩子再有兴趣也不让学

什么样的老师才是好老师？如果一个老师教一门课的目的只是

让学生可以考高分，这样的老师肯定不是好老师。但如果老师在教的同时，能够让学生对所在领域的知识产生无限遐想，还能让学生勇于进一步探索，这样的老师就是好老师。

这些年，我一直在如何做一位好的数学老师这条道路上摸索前行。在这个过程中，我发现与别的学科相比，数学相对来说显得枯燥一些。如何将一堂数学课讲得生动有趣又实用，提升孩子对数学学习的兴趣，将有趣和有效做到并重，这非常考验一名数学老师的功底。

孩子喜欢上的数学课是什么样子的？一般来说都是有趣和有效相互结合的。在这一点上，有时家长在帮孩子选择数学培训班时会进入一个误区：只要家长觉得没用，孩子再喜欢也不让学。

很多家长与孩子一起听了一堂数学体验课，孩子觉得这堂课很有趣，老师讲得很有意思，但家长听完后，觉得这个老师一堂课下来互动氛围虽然很好，可没讲特别多的知识点。他们认为虽然孩子喜欢，但孩子学不到知识，就不给他报名。

家长都希望给孩子报的培训班能更针对数学考试，能对数学成绩的提升有直接帮助。从家长角度出发，让孩子学一些注重知识灌输的课程也没错。但每个孩子都有不同的爱好，过于注重知识的灌输，孩子的听课兴趣就会大大降低。帮孩子选择数学培训班，首先应考虑孩子的兴趣点，再综合帮孩子做出选择。

我在课程设计中，会尽量考虑有趣和有效之间的平衡、不同知识点之间如何进行有趣关联，并充分考虑孩子听课的专注力和兴趣点。我在课堂上经常会穿插一些小故事或者冷笑话，让孩子对这堂课有印象的同时，又能记住一堂课的核心知识点。

父母的眼界，
孩子的世界

杨易妈妈 · 著

杨易妈妈现身说法，
全面揭秘"全球脑王"是如何炼成的

中国妇女出版社

父母的眼界，孩子的世界

杨易妈妈 · 著

中国婦女出版社

目 录

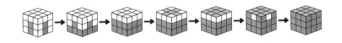

第 **1** 节

被取笑的"照本喂养"

我是一个平凡的妈妈，忙忙碌碌大半生，没什么大的成就，杨易是我唯一的"杰作"。

杨易考上清华大学以后，亲戚朋友都很羡慕我，说我有一个优秀的儿子，肯定什么事都不用我操心。每当听到这样的赞许，我都点头表示肯定。但其实，在孩子的成长过程中，我花费了很多精力，只是我比大多数家长更幸运，孩子智力优秀，没在辅导功课上让我伤神费力。

由于只有一个孩子，我非常重视优生优育，从准备要孩子起，就开始学习怎样培养一个优秀的宝宝。

杨易还没出生的时候，虽然还不知道他的性别，但我和所有的父母一样，望子成龙、望女成凤，祈祷他一定要健康、聪明。我和他爸爸常常一起憧憬未来，设想如何给孩子营造一个平安、富足、快乐的生活环境，给他铺设一条繁花盛开的人生坦途。为此我们努力着！

记得那时候，我喜欢看《读者文摘》（现改名为《读者》）《十月》《收获》等杂志。有一次，我在《读者文摘》上看到一个送书的活动，参与活动就有机会得到《幼儿优养》这本书，是武汉大学智力开发部推出的"儿童智力早期开发0岁方案丛书"中的一册。于是，我尝试着填写了资料，没想到没过多久，我真的收到了这本书。

说来也巧，这本书是1992年出版的，和杨易同岁，封底没有书号，也没有价格，只注明印数7000册，看来不是对外销售的书。也许是命中注定吧，我就这样得到了它。

书里详细描述了新生儿0～6岁大脑形成和发育的过程，讲述了孩子每个阶段的生理特点，记录了孩子在不同年龄段的感知、语言、动作、行为等特点，还提出了喂养、预防疾病以及教育的各项要点，是一本很好的育儿百科全书。我如获至宝，认真研读，并付诸实践。记得当时，我妈妈还取笑我是"照本喂养"。我听了哈哈大笑，然后继续如此。我妈妈非常开明，没有拿老一辈人的"育儿经"约束我，相反还很配合我。

书里曾提道，大人要多给小孩抚摩，多跟小孩多交流。抚摩不仅能传递情感，还能刺激婴儿大脑兴奋。德国和新加坡的研究人员曾利用大脑成像技术进行观察，他们召集了40名相同年龄的孩子和他们的妈妈，让他们一起玩玩具，并观察、记录妈妈抚摩孩子的次数和频率。几天后，研究人员扫描孩子的大脑发现，那些从妈妈那里得到更多触觉关注的孩子，大脑活动力更强。我挺认同这个观点，并积极照做，后来的结果证明这些做法非常有用。

在杨易出生的那个年代，大家对于育儿这件事相对来说做得还比较粗放。我身边的一些朋友，基本上是照着上一辈人的经验来养孩子，没有特别关注前沿的科学育儿知识。因为在当时，这些知识的获取没有现在这么方便。我"照本喂养"的做法，碰巧踩上了"科学育儿"的起点。

《幼儿优养》一书特别强调胎教，并推荐音乐胎教的方法。书里提道，人的左脑以思维、计算、语言功能为主，右脑以情感、形象、文字、旋律、模仿功能为主。实验证明，胎教音乐可以使新生儿更活泼、眼睛更明亮、相貌更漂亮。这些结论让我着迷。

我自己"五音不全"，没有音乐天赋，听不懂交响乐，于是买了许多民乐和儿歌的磁带。我特别喜欢《彩云追月》《步步高》等曲子，它们或悠扬，或婉转。还有那些经典儿歌，童音清脆、干净。我听音乐的时候，也是严格按照书上教的，把录音机放在身边一米以内范围，音量适中，有空的时候就放一放。这些乐曲和童谣总能让我心情愉悦。

记得那时候，我经常听一盘叫《红孩子》的磁带，里面有一首儿歌让我印象特别深，叫《数鸭子》：门前大桥下，游过一群鸭，快来快来数一数，二四六七八，嘎嘎嘎嘎，真呀真多呀，数不清到底多少鸭……不知道杨易在我肚子里是不是真的听到了，他出生后一段时间里，不管因为什么原因哭闹，只要一放这首儿歌，他就会很快安静下来。屡试不爽，真的很神奇！

从那以后，我真切地感受到音乐胎教会给孩子留下记忆。可惜，在杨易1岁多的时候，那盘磁带被他扯坏了。为此，我小小教训了他一下，他满脸委屈，不知道发生了什么。想想也是，他还很小，根本不知道自己干了坏事。

相比同龄的孩子，杨易小时候总是被身边的大人夸赞："你儿子很会长，取了你们两个人的优点，好看。"我听了自然高兴，心里美美的，不知道是不是也是因为音乐起了些作用呢。

杨易1岁2个月大的时候就会说话了，比学会走路要早许多。他先是无意识的一个字一个字地蹦，接着会说简单的词；再之后是词组，一般是一个动词加上一个名词，能够表达意思，这个过程很漫长。我感觉学会说三个字是转折点，因为在这之后他的语言能力开始升华，很快可以说一串话，再接着就成"话痨"了。4岁的时候，他可以不用大人提示，自己用20分钟完整讲述"武松打虎"的故事，绘声绘色。我们全家都引以为傲，不断地鼓励他展示"才华"。

我父亲曾与一位清华大学的教授相熟，记得教授的名字叫王叶涛，他见了杨易后说："这孩子两个大眼睛一闪一闪的，透着机灵，将来上清华一定没问题。"那时杨易还被抱在怀中，很小。不想还真被王教授说中了，杨易长大后不仅考上了清华，还在清华读了七年书，获得了硕士学位。

第 ② 节
尽情地"拆"和"装"

孩子都有一个共同的爱好——"拆",拆一切可以拿到手的东西,玩具、书本,甚至小电器。从还不会说话时起,他们就有无穷的破坏力和想象力,"拆"的能力几乎是与生俱来的,让家长很是抓狂。人们形容孩子淘气常常用一句话:他都淘出圈儿了。

在杨易很小的时候,"拆"的能力就登峰造极了。在他还咿呀学语的时候,我们给他买了一辆玩具警车,打开开关,警车会自己跑,车顶上的环形警灯一闪一闪的,还会发出警报声。刚见到这个玩具时,杨易很兴奋,开动小车后,他的眼睛和警灯一样闪亮,他指着小车"嗯、嗯"地想表达兴奋的心情,还挣脱大人的手,晃悠悠追着小车走。不一会儿,小车就被他按住了,一双小手不知怎么一抠,警灯就掉下来一个。我赶忙走过去重新装上,但很快又被他抠掉。说来也奇怪,他每次玩这辆车的时候,总会把警灯抠开。我猜他是想知道车灯为什么会亮吧。

还有一次,我刚到家,杨易的姥姥就向我抱怨:"卫生间所有的牙刷都被掰弯了,不知道是不是你儿子干的。"我很困惑,他为什么会这么做?于是过去"兴师问罪",他磨磨唧唧地告诉我,电视里一个少儿科学实验节目里说塑料杆很软，反复弯曲可以掰断，他找了半天，发现牙刷很像电视里的实验用具，就亲自验证了一下。结论是可以掰弯，但是掰不断。我知道是因为他太小了，力量不够。那时候他才刚上幼儿园，三四岁的样子。

另一件"坏"事是在他 2 岁的时候干的。他把播放磁带的小录音机给拆了。姥姥问他，为什么这么淘气？拆坏了，不能听儿歌了怎么办？他却振振有词地说："想看看里面谁在说话。"

如此糗事不胜枚举，那时候我的第一感受是：我的天！孩子的心里住着怎样的一个精灵，为什么总有这么奇怪的想法和行动？仔细分析后，我得出结论：孩子的好奇心比成年人更旺盛，如果好好引导，可以培养他的动手能力，有助于开发智力、增长知识。

从那以后，我们给他买了许多益智玩具。20 世纪 90 年代初，中国的益智玩具制造刚刚起步，种类还比较单一，也比较低级。我们买了当时价格不菲的乐高积木、插片、拼图等。其中，杨易最喜欢的是乐高积木，当时我买的应该还是第一代产品，组件都是最基础的颗粒：独立的、两联的、多联的颗粒都有，还有正方形、长方形、半圆形的简单模块和卡通小人、小树等。

我觉得乐高最大的优点是可以无限次拆装，孩子可以发挥自己的想象力，搭建出各种东西。记得那会儿，我和杨易的共同乐趣就是一起用乐高积木搭房子。开始的时候，是仿照我们自己住的房子搭。当时我们和杨易的姥姥、姥爷住在一起，房子挺大，四居室，大约 150 平方米。可惜不是一层，否则还能拥有一个小小的院子。拼搭游戏常常以我们的居所为模板，根据卧室、客厅、书房、餐厅等的样子，组织"施工"。拼搭的次数多了，就加入了想象的元素，设计了庭院，在院子里"种"上树木和花草，还配备了停车位，都是用乐高搭建出来的。我在一旁帮忙并提供参考意见，解决难题。"施工"的过程很长，有时候要两三天时间，我们不断完善，总有新设想。房子搭好后，杨易会叫大家来观赏，他对我们的"杰作"很得意。

整个搭建过程，就是一个整体规划、设计开发的过程。卧室的床该放哪儿？餐厅里要配什么设施？院子里的花草树木高低要怎么搭配？汽车的形状是轿车还是卡车？在这样一点一点琢磨的过程中，杨易的空间思维、逻辑思维以及想象力被充分挖掘出来，动手能力也增强了。

后来乐高积木出了很多升级版，组件品种越来越多，固化半成品模块也越来越丰富，我也给杨易买了几种。但是，我和他都喜欢最简单的那款，因为它更能满足我们自由建造的需求，而主观感觉升级版的模块限制了孩子的想象力和创造力。总之，玩乐高积木对孩子来说是一项很有益的游戏，我推荐家长多抽出时间陪孩子一起玩。

杨易长大一些后，他又有了新的爱好，会让我们买汽车、飞机、舰艇等各种玩具模型，还有各种折纸模具。在姥爷和爸爸这两个"理工男"的指点下，他像模像样地组装起来，组装好的舰艇还能在庭院的水池里开动呢！

无论是"拆"玩具，还是"装"玩具，都是孩子的天性，家长要在旁边做好引导和陪伴。在"拆"和"装"的过程中，孩子旺盛的精力和体力消化了，好奇心和探索欲得到了满足；形象思维、逻辑思维能力逐步建立，专注力得到了培养；还能够把孩子从电脑、手机游戏中解脱出来，有助于孩子养成良好的生活习惯，是一个一举多得的好方法！

第 **3** 节

从认字和识数开始的启蒙教育

杨易 1 岁半左右，他的语言天赋完美显现，能说完整的句子，在同龄孩子中算是比较早的。

说起教孩子说话，这里和大家分享一个小经验：不要教孩子说"废话"。许多家长教孩子说话的时候，喜欢说重复的词语，比如"吃肉肉""喝水水""上街街"等，似乎觉得这样孩子才能更容易理解。其实不然，"吃肉肉"和"吃肉"是同一个词，表达的是同一个意思。假如今天妈妈给孩子喂饭，对孩子说"吃肉肉"，第二天轮到爸爸给孩子喂饭了，爸爸对孩子说"吃肉"，孩子会把它们当成两个不同的词，这样就给孩子的认知造成了混乱。

小孩子没有分辨能力，对于外界传递过来的信息照单全收，然后通过无数次条件反射的"教"和"学"，慢慢理解了信息的意思，能够和所见、所听、所感联系起来。不规范的"教"，会让孩子的学习产生困惑。所以，家里人要统一思想，教孩子说话时，要做到准确、简明，当然还得有足够的耐心。

杨易之所以说话说得早，还有一个原因：我们家里人总是耐心地陪伴他，看到什么就和他说什么，不停地在他耳边说呀说，对他的语言学习很有帮助。他不到2岁就能和我们很好地交流了。从那个时候开始，我们对他的启蒙教育有了新的内容：认字和识数。

书店里有许多看图识字的卡片和书，原本我也想直接买来让杨易学，但是《幼儿优养》这本书里说，许多印刷的卡片和图书色彩纷呈，又有配图，干扰因素较多，不利于孩子对字的独立认知。于是我就想了一个办法：找来白纸，裁成巴掌大小的方块，用毛笔在上面写正楷字，从简到繁，从"一二三四""上下左右"到"花鸟鱼虫""红黄蓝绿"等，应有尽有。

《幼儿优养》还有一个建议：辅导孩子学习时，最好在相对固定的时间和地点进行，环境尽量安静，保持连续性，要习惯成自然。

于是，我每天在单位制作好识字卡片带回家，在晚饭前利用大约10分钟的时间，教杨易认两到三个字。他年岁尚小，集中精力的时间很短，不能贪多。每次我都把学习地点选在书房，我甚至"迷信"地总在同一把椅子上进行，现在想起来感觉有点教条。

我把他抱在身前，指着字反复教他念，告诉他字的意思、有什么关联词汇。他学得很快，也有兴趣学。每当他学会了，我会给予奖励，多半是精神鼓励，物质的很少。我们每天坚持，没多久真的形成了条件反射，只要他看到我进家门，第一件事就是缠着我教他学新字。

当然，仅靠每天10分钟是不够的，于是杨易的姥姥就肩负起帮助杨易巩固学习成果的重任。白天的时候，一老一小会找出许多机会拿出卡片来复习。姥姥是小学老师，教学经验很丰富，懂得怎样调动孩子的积极性。姥姥的奖励更有吸引力，有语言表扬，还有各种零食和玩具。如果来了客人，还会让他"献宝"，得到外人毫不吝惜的赞美，很能满足孩子的"小小虚荣心"。就这样，杨易不到4岁就认识1000多个字，能自己读小图画书了。

姥姥还经常给杨易讲故事。说来也奇怪，一个故事姥姥反复讲，他依然听得津津有味，也不会烦。有时候大人说一个开头，他就可以自己接着讲下去。后来姥姥记忆里的故事讲完了，我们就买来各种故事丛书，给杨易讲书里的故事。

他听故事的时候有一个好习惯，会让讲故事的人指着字念，一个简单的看图故事读过两遍以后，他就会学着大人的样子，指着字给别人讲，居然一字不差。要知道，那些字有很多他其实并不认识。这个能力经常让我瞠目结舌，我不知道他是已经认识了这些字，还是凭着记忆在模仿。那时他刚上幼儿园，不到4岁。这种能力一直延续着，他长大后自学日语，居然也是跟着动画片看字幕学会的。

在认识数字的培养上，姥姥花了比较多的心思。姥姥会将身边的一些物品随手拿来，用作教学的工具，比如苹果、糖、桌子、沙发等，反复教杨易数数。这是1个苹果，那是2颗糖；这里有2张桌子，那里有3个沙发……在这样的生活场景中，从熟悉的物品出发，启发杨易对数字的抽象认知，建立起他最早的"数感"。

我是上班族，工作单位离家比较远，每天早上7点前出门，晚上6点多才能回家，所以对杨易的启蒙教育，姥姥功不可没。我是大学本科毕业，在20世纪90年代初，这个学历还是比较拿得出手的，所以我找到了一份不错的工作，收入和前景都不错，感觉很满足。当时我就觉得自己好歹也是一位知识女性，不应该为照顾孩子放弃工作。现在想想也有点后悔，生活的路不止一条，孩子的童年，特别是学龄前，妈妈还是应该多陪伴，全职妈妈也是一个很重要的职业。

记得我上班后，找了一个亲戚照顾杨易，但几个月后因为闹了点小矛盾，亲戚走了。当时杨易还不到1岁，幼儿园又不收，我心急如焚，没少流泪。杨易的姥姥心疼外孙，也心疼我，就向单位请了长假，替我照顾孩子。姥姥原本是一名优秀的教师，为了照顾杨易，她错过了一次晋升的机会，我很内疚。值得欣慰的是，杨易长大后和姥姥很亲。

第 **4** 节

神奇的 4 岁

经历了 1 ～ 2 岁咿呀学语、2 ～ 3 岁认字识数两年多富有仪式感、有计划性的"教"与"学"后，杨易在 4 岁的时候，智力达到了一个爆发阶段，我称之为"神奇的 4 岁"。那时候，他已经认识了很多汉字，能做简单的阅读，会背诵几十首古诗和歌谣，会数 100 以内的数，会说简单的英语单词。他在语言交流方面很有天赋，说起话来像个"小大人"，每每引得大家发笑。他的这些成绩，放在今天看也许并不出众，但在当时已经很值得骄傲了。

4 岁的时候，他可以流利地讲整段的"武松打虎"的故事，学这个故事还有个有趣的背景。小时候，杨易非常爱听故事，无论白天、晚上，总缠着大人不停地讲。我们买了很多故事书，比如《安徒生童话》《小布头奇遇记》《伊索寓言》《鼹鼠的月亮河》等，这些故事都讲过很多次，他听不烦，我们讲得都无趣了，其中许多小故事他都会自己讲。姥姥想出把小学课文演绎成故事的主意，这样故事的题材丰富，内容新鲜，不用看教材，姥姥也能信手拈来，而且还把艰涩的课文"翻译"成小孩子能懂的童话。

"武松打虎"这个故事就来源于《景阳冈》这篇课文。整个故事大约20分钟，姥姥讲得很生动，杨易听了一遍不过瘾，缠着姥姥一遍一遍地重复。谁知没过多久，他居然自己会讲了，而且语调、顿挫甚至神态都模仿姥姥，惟妙惟肖，一字不差。我们都很惊喜，经常鼓励他讲给大家听。

　　那时候，正赶上姥爷单位组织职工到北戴河疗养，他们带着杨易一起去了。晚上大家在沙滩上乘凉，姥爷鼓动杨易给大家讲故事。他很兴奋，攥着小拳头有声有色地讲起来。20分钟的故事，对于一个4岁的孩子来说实属不易，讲到高兴处，他还转圈走动起来，边走边讲，逗得大家直乐。故事讲完了，获得了热烈的掌声，大家不停地夸赞他。大家的表扬极大地增强了杨易的自信心。

　　还有一次，姥爷到广州出差，顺便带着姥姥和杨易一起去玩。晚上客户请吃饭，饭店大堂墙壁四周贴满了特色菜的广告牌，杨易抬头看了一眼，告诉姥爷"鸡仔饭9元"。周围吃饭的人很多，听到后都啧啧称赞：这个小孩子认识字呀！其实那时候，杨易已经认识1000多个汉字了，但是那个"仔"字却没教过他。

　　姥姥问他："你怎么认识这个'仔'字呢？"

　　他回答："我看电视见过这个字，我问您一个'子'加上'亻'念什么，您说念'仔'，我就认识了。"

　　姥姥连忙说："对！对！宝宝有举一反三的本事了。"

孩子的自学能力不可小觑，当量积累到一定程度后，就会有质的飞跃。所以，请年轻的爸爸妈妈放下手机、离开电脑，多陪陪孩子，每个孩子都是可塑之才。家长是孩子的第一任老师，只要陪伴恰当，每个孩子都会绽放出属于他的光芒。

第 **5** 节

好的幼儿园很重要

前不久，我家楼下开了一所幼儿园，刚开始很热闹，一到下午小喇叭就开始喧嚣，好像在彩排什么重要节目。这不禁让我回想起杨易上幼儿园的曲折经历。

我的工作单位离家很远，每天"朝七晚六"，中午不能回家，因此没法兼顾工作和孩子。前面说到为了照顾杨易，姥姥请了很长时间的假，可是总请假也不方便。于是杨易2岁半时，我狠心将他送到了单位幼儿园。

那时候幼儿园很少，民办的几乎没有，许多效益好的大单位都自办幼儿园。但单位自办的幼儿园品质良莠不齐，我们单位的幼儿园就属于比较差的一类，老师大多是单位的老员工和家属，没有经过专业培训，对孩子的照顾也不够细致。

杨易很不喜欢那所幼儿园，每天送他上幼儿园，我都需要有足够的勇气。他一到幼儿园就哭，我也跟着落泪。后来我受不了这样的场面，杨易姥爷主动承担了接送任务。每天早上送他去幼儿园的路上，姥爷都要给杨易做"思想工作"，经常是到了幼儿园门口，他流着眼泪央求姥爷："您再给我讲讲吧！"他口中的"讲讲"，就是让姥爷给他说说为什么要上幼儿园。现在回想起来，我都心里打战：孩子去了不喜欢的幼儿园，这对孩子来说是一段痛苦的经历，会让孩子无奈又悲伤。

这所幼儿园上了没多久，姥姥看不下去了，她心疼外孙，就又请了长假在家照顾杨易。

杨易3岁时，县幼儿园（通州区在1997年4月前为通县）开设了"小小班"，正巧杨易姥姥的一个同学在那里当老师，于是我们就托关系让杨易去了县幼儿园。说来也奇怪，到了县幼儿园，他居然不哭了，每天很自觉地上学，唯一的要求是让我们早早去接他，他的原话是："要第一个接。"

那时候，我才意识到，一所正规的幼儿园对孩子有多重要。正规的幼儿园设施好、玩具多、环境卫生，伙食也不错，孩子会玩得很开心。关键是好的幼儿园老师专业、有耐心、有方法，老师细心的照顾和鼓励，会让孩子很快融入幼儿园的集体里。

大家在电视节目里看到杨易表现得大方得体，而且健谈，其实他小时候很长一段时间性格都比较内向，可能和早期上幼儿园的不愉快经历有关。虽然后来到了正规幼儿园后情况有了很大的改善，但是他依然干什么都不积极主动。每天午休成了他新的苦恼，他就是不困，常常把小手叠放在头下，忍着不出声。他也不淘气，就这么不声不响地躺着，一个多小时，也真不容易。

他的"不积极"还表现在日常活动上，小朋友跑着玩的时候，他一般是站在一边看。记得有一次，我外出办事结束得早，快到幼儿园放学的时间了，我决定去接他，想给他一个惊喜，平时我很少有时间接他。我到那里时，孩子们还在院子里跳绳，两个老师拉着绳子，放得很低，小朋友都排着队依次跳过去。我看到杨易在人群后面远远地看着，面带微笑，很惬意、很心安理得地当旁观者。

老师先看到了我，就叫着杨易的名字："杨易，快来，妈妈来了，给妈妈跳一个看看。"

他转头看到我，大声叫着"妈妈"，然后真的听老师的话，跑过去跳了一下，接着就高兴地和老师说再见了。

老师笑着对我说："杨易哪儿都好，就是不合群，不积极参加活动，你回去要动员动员呀。"我诚恳地接受老师的意见，回去和家里人一起慢慢调教，但是效果不明显。之后每到六一儿童节，他也会被安排表演节目，只是一直不是"主要演员"。

随着上县幼儿园的时间越来越久，我发现杨易的性格慢慢开朗了一些，每天放学后回到家，会主动和我说幼儿园里的事情，如今天学了什么歌，做了什么游戏，谁和谁打架了，谁不好好吃饭被老师批评等。他还教我做游戏。我印象比较深刻的，是一个叫"老狼老狼几点了"的游戏，我们玩得很开心。看到他逐渐适应了幼儿园的生活，我一直悬着的心终于放下了，上班也踏实了。

幼儿园的生活对孩子来说是不可或缺的，在这个小集体里，大家一起做游戏、讲故事、学本领，孩子学会了自律、谦让、团结和帮助他人，这是孩子接触社会的第一步。因此，找一所好的、正规的幼儿园，对孩子的快乐成长很重要。

第 **6** 节

从口算不及格到"数字神探"

杨易在 2018 年参加《最强大脑》节目的比赛中,凭借稳定的发挥一路晋级,在逻辑、计算、记忆等方面表现突出,节目组给他的形象设定是"数字神探"。他凭借自己的努力最终荣获"脑王"称号,一夜之间受到大家的瞩目,他今天的成功来之不易。

在接受采访时,杨易多次提到,尽管现在他是一名数学老师,但他并不是从小就有数学天赋。记得上小学时,他所在的北京市通州区司空分署街小学经常进行口算比赛,比速度、比正确率,每位同学都要参加,赛后集体大排名。

他第一次参赛是在二年级的时候,100 以内的加减法,10 分钟 100 道题,每题一分,时间到就交卷,考试很紧张。这些数学题杨易都会做,可是速度慢,那次 10 分钟的比赛他只做了 50 多道题,结果当然不及格,排名几乎垫底。当晚回家,他见到我就哭了。我慌忙问:"怎么了?谁欺负你了?"他抽泣着说不出话。

我更慌了,不知如何是好。正在这时,姥姥(当时她在杨易所在的小学任教)打来电话,告诉我测试的情况,说他一整天了心情都不好,让我安慰一下。得知原因后,我瞬间释然了,松了一口气，好言安慰："一次考不好不要紧，我们好好练，一定可以提高的。"他这才稍稍平复下来。

吃过晚饭，我们一起分析考试不利的原因，一致认为问题出在速度上。问题找到了，解决方法自然也就有了。我们决定集中一段时间，突击强训，每天由我和他爸爸轮流出 100 道口算题，做题前上好闹钟，他自己掐表训练，杨易很赞同。

于是，为期一个月的艰难训练开始了。要知道，虽然是 10 分钟就能做完的题目，可是每天做 100 道题，还真是比较艰巨的任务。功夫不负有心人，一周后学校组织第二次比赛，他得了 80 多分，一周时间做题速度提高了很多，很有成效。我们大大表扬了他一番，还买了好吃的奖励他。这样的训练继续进行，终于他在第三次、第四次、第五次的比赛中取得了满分。

"题海战术"虽然是笨办法，但在数学基础计算训练方面很管用。可是数学思维的建立，光靠多做题是不行的，还要广泛阅读，学数学也要重视阅读。

从杨易上小学开始，我和他爸爸经常给他买课外读物。课外书的种类很多，内容丰富，例如《少年科学画报》《趣味数学》《十万个为什么》《男生贾里》，还有中英文对照的《小王子》等，其中不乏与数学相关的读物。他还非常喜欢折纸，为此我们买了很多立体折纸图册，他对这些读物和手工图册有极大的兴趣，课余时间常常会拿出来看看。有一次，我跟他一起折，发现图册上画的很多折线我竟然看不明白方向，只能放弃，杨易却可以轻松看懂，并成功做出来。

我印象最深的是《趣味数学》这本书，它和"学校数学"的视角完全不同，着重介绍一些有趣的数学常识，利用讲故事的方式引出数学问题，并给出解题思路和简便算法。书上很多题需要开动脑筋，能够启迪儿童的智慧。一道道智力题变成了妙趣横生的故事，一个个大侦探带孩子去做数字追踪，一位位大数学家把他们的成长经历娓娓道来，激发孩子学习数学的热情，引导他们去探索、发现，掌握灵活多变的思维方法，培养他们的科学探索精神。这些小故事中包含了很奇妙的数学思维、推理方式和简便算法，由故事带出趣味算术、趣味几何等知识点，还有现在比较流行的拓扑折纸、趣味概率和运筹学等内容。只是表述名称不尽相同，"韩信点兵""鸡兔同笼"这样的奥数题目在这本书里也都能找到。

　　杨易上大学后，看到学校里到处是学霸，他们的学习能力和创造能力出类拔萃，令他感叹山外有山、人外有人。在学霸的"打压"下，他感到了压力，一度很有挫败感。有一次，他还向我抱怨小时候没给他报奥林匹克竞赛培训班，为此我很受触动。虽然现在奥林匹克竞赛作为考学加分项的情况受到了限制，但是它对孩子的思维拓展有不可忽视的功效。由于我的疏忽，让杨易错失了这个锻炼机会，我挺后悔的。好在《趣味数学》这类课外读物和奥林匹克竞赛培训有很多相通的地方，算是稍稍弥补了遗憾。

　　《少年科学画报》是一本月刊，末尾一页常常有"数独"填图题。每次杨易拿到新月刊，都会先阅读这页，并快速做完填图题，这些锻炼使他的数感高于常人。广泛阅读给杨易带来的好处是思维方式的开拓。我一直感觉他在看问题的视角方面和我很不同，也许这就是常说的理科思维吧。

广泛阅读让杨易拓宽了知识面。在他求学阶段，我从来不给他加课外作业。他的小学、初中都过得很"惬意"，有许多可以自由支配的时间。他可以尽情读课外书、动手做小实验和手工。周末或节假日，我们经常带着他去公园、参观博物馆或者一起去旅游。科技馆是杨易喜欢的去处之一，那里的展览让他着迷，一去就是一天，走的时候还恋恋不舍。外出旅游更让他欢喜，在旅游中接触大自然，通过看、听、触摸，了解大自然的神奇之处。

"读万卷书，行万里路"，学问其实无处不在，关键在于我们如何引导孩子在玩中获取知识，充分培养孩子的好奇心。

第 **7** 节

有约束地"玩"

爱玩是孩子的天性，他们在游戏中慢慢长大。现在的生活环境与 20 年前已经很不一样了。进入移动互联网高速发展的时代，人们可以足不出户享受美食、购物、看大片。只要你想到的，网络服务几乎都能帮你做到。智能网络用得好，可以为 80 岁的老人解决生活难题；用得不好，也会让学龄前的孩子沉迷于游戏。

现在的孩子不好教育，外面的世界很精彩，各种纷扰让成年人都不能沉下心来踏实做事，更不要说孩子了。先不论手机、电脑的普及，就连电视台也开设了少儿频道，动画片几乎 24 小时不间断播放，在这样的环境中，培养孩子建立好的学习习惯太难了。

我经常听到同事、亲友抱怨孩子不听话、学习不专心、追星、打网游、熬夜看电视、拖延症泛滥……但是，抱怨者自己往往也是手机不离手，八卦不离口，打游戏、追剧两不误。俗话说："有其父必有其子。"自己尚不能抵御诱惑，又如何要求孩子呢？！

要想让孩子养成好的学习习惯，家长首先应当约束自己，静下心来，制订计划，让每天都过得充实，每天都有新收获。父母在工作之余，要给自己排个时间表：什么时间看书学习，什么时间娱乐休息，什么时间看望父母，什么时间陪伴孩子。在这个基础上，再来约束孩子，帮助孩子制订细致的学习计划。

杨易上小学后，我们经过协商，达成共识，每周五晚上、周六白天各安排一小时电子游戏时间，内容也被限定在五子棋、军棋、《牧场物语》《挖金子》等这些单机版游戏上。我们还答应他，每天做完作业后，时间可以自由支配，除了不能玩电脑，其他自便。他可以看电视、读书，也可以让我们陪着打扑克、下棋，或者出去玩。

父母的陪伴是孩子生活中不可或缺的，和孩子一起读书、看动画、打扑克、下棋、逛公园都是好选择。我们经常一起陪杨易玩，在我的记忆里，五子棋、军棋和扑克牌都是杨易很喜欢的娱乐项目。

开始的时候，我们在每个项目上都能赢他，为了让他开心，还要故意输他几局。但是后来，我们逐渐打成了平手。再后来我首先败下阵来，孩子爸爸还能勉强应付，杨易上高中后，我们就只有完败了。

杨易的记忆力和逻辑思维能力在益智游戏中得到了强化训练。小学阶段，我们全家人在五子棋对局中就都不是他的对手了。扑克游戏也一样。杨易小的时候，他爸爸很忙，多数时候只能由我陪他玩。有一种本应由6个人一起玩的扑克牌玩法，叫"敲三家"，在当时很流行。我们把它改造成了两个人玩的游戏，每个人交替管理三把牌，每把牌9张，出牌的时候只能看一把牌，根据出净手里牌的先后顺序设定不同的分值，谁先得到 30 分谁胜。这个游戏玩法简单，但非常考验记忆能力和逻辑思维能力。首先要记住已经出过的牌，再结合自己手上的牌，算计出牌的方式，推测对方的应对可能，想赢的话，要预设几套出牌方式，还是要花费一些心思的。

开始玩的时候，我有绝对优势，可以随心所欲地发挥，每每杨易输了后会缠着我不放，但很快他就赶超上来，反倒是我输了以后心有不甘。

在完成功课之外，我们给杨易充分的自由，让他自己规划、分配时间，协调好玩与学的关系。

每到假期，我会要求他制订一份细致的时间表，包括每天几点起床，什么时间做假期作业，什么时间户外活动、找小朋友玩，什么时间读书、看电视，什么时间做家务等。每天几点到几点要做的事情都表述得很明确，还在每项任务后面留一个空格，用于记录完成情况。

计划制订好，我负责监督。其实更多的时候，是他自觉遵守。为了督促自己按照时间表做事，他每做完一项，就会在相应的位置打个钩或画个笑脸，如果没有完成既定目标，还会注明原因。当他做得特别好的时候，我会有奖励；当然，如果做得不好，也要挨训。我一直认为自己是个讲道理而且很温和的妈妈，可是杨易却不这么认为，长大后他曾对我说："您很严厉。"我听了，心里还抗拒了一下，赶忙向他爸爸求证，意外地得到了肯定的答复。

现在仔细想想，杨易觉得我比较严厉，可能是因为我性格比较急，在原则问题上对他的约束比较多。但是，严厉的效果是好的。杨易从小学起就很守规矩，很自立。从一年级开始，他就养成了放学后先完成作业，再出去玩的好习惯。

懂得"约束"很重要。一个好习惯可能需要7天的时间来培养，万事开头难，坚持下来终会受益。杨易不论是学习还是玩，都很投入、很专注，这或许和我们从小对他的定时、定点教育有关吧（定时、定点教育就是在固定的时间、固定的地点教孩子知识）。他自己也总结过学习成绩好的经验：学就专注地学，玩就放开地玩；一张一弛，永远保持好的状态。

第 **8** 节

培养善良的品性

都说"人之初，性本善"，我觉得应该是"人之初，本无识"。一个小生命来到未知世界，他的认知几乎为零，就像一张上好的宣纸，任凭我们在上面挥毫渲染。给他墨色，他就会淡雅写意；给他油彩，他就会色彩斑斓；沾染上污物，他就会让我们伤心一辈子。

我们都希望能有一个善良、阳光的孩子，会寄予很多希望于孩子的未来。我们想他长大后有一番作为，成就事业；想他过得无忧无虑，不为生活低头折腰；想他孝顺父母，尊敬师长；想他一生顺利，少摔跟头。于是，我们踏上漫长而艰巨的教育之路，孜孜不倦、语重心长。

我陪伴杨易慢慢成长，给他一切我能给予的最好生活，倾心教育他成才。他几乎实现了我的所有梦想：一表人才，受过良好教育，有骄人的学历、满意的工作，这些都令我骄傲，但最让我欣慰的是他心地善良。

我有一条实用经验：对孩子的教育要从规范父母开始。孩子就像一面镜子，实时记录着家长的一言一行：你对他笑，他就微笑对你；你对他吼，他就会还以颜色。从我们计划孕育生命时起，就要开启自律模式。教育是多维度的，"善良教育"是重要的一环。

"善良"是需要培养的。杨易小的时候，我们一起坐公交遇到老人，我一定会把座位让出来，引起他对弱者的关注，把帮助他人作为一种习惯；在大街上遇到乞讨者，我会让他拿着钱放到对方的手上，尽管有时我知道那个乞讨的人并不是真的生活无着。我尽量将社会的阴暗面先隐下，等到他内心足够强大的时候再说破。每当他带零食上学的时候，我会不经意地嘱咐一句，记得和同学分享；动画片里小动物受到伤害，我会轻轻地和他说，多可怜，我们可不要伤害它们。

这些事情都很不起眼，但它们就像涓涓细流，会慢慢形成江河，"善良"的培养需要润物细无声的自然积累。

在学生时代，杨易善良的品性给他的生活带来了很多正向的反馈。他和同学们相处得很愉快，从"善良"的本性出发，所交到的朋友都是很珍贵的。很多同学在学习或者生活中遇到不开心的事情，都愿意来找他倾诉，会把他当成特别知心的朋友，他也确实是合格的倾听者。他的班主任老师也这样评价他："性格比较随和，对小事不计较。"

善良的品性让杨易对很多事情不会过多计较，对得失不会特别看重。他很随性，从不对家人大声嚷嚷，也从不和同学争吵。他觉得生活学习中并没有那么多要斤斤计较的事情，这种性格也使他更能专注于学习，减少了许多无谓的干扰。

有一件事我至今记忆犹新。高考那年，杨易被学校推荐参加清华大学的自主招生。面试的时候，考官出的题目是"从电影《阿凡达》说开去"，让考生们自由发言。他们一组6个学生，大家都争着阐述自己的观点。杨易发现同组的一个孩子性格比较内向，也可能是太紧张，他在表述观点的时候，只说了一两句话就被别的考生接过去了。后来轮到杨易说了，他讲完自己的观点后，很巧妙地对那位同学说，刚才你只说了一两句话，肯定还有很多感受没说出来，就由你代表我们做个总结发言吧。那位同学受到鼓励，果然讲得很好。考完出来，那个孩子和他的妈妈还主动走到我们身边来打招呼，并表示感谢。我当时不知道是怎么回事，等他们离开后问了杨易，才了解到事情的经过。

在大家同为竞争对手的考场中，杨易的善良让他兼顾到周围的人，希望同在一组考试的同学都能有更好的表现。尽管杨易并不认识这个孩子，但能主动给他提供机会。我很为他高兴，他表现出了谦让、团结的集体精神，也展示了不凡的组织能力。可能就是因为临场的这一细节，老师们觉得他很有团队意识，给了他最高分——30分。

2018年，杨易参加《最强大脑》节目，在整个比赛过程中，他的团队意识也在不经意间表现出来。他服从队长安排，无论让他在哪一个环节出战，他都全力以赴地投入比赛，不论那个项目是不是他的强项。他始终以坦然的态度去参赛，不计较个人的名利。

杨易获得2018年"全球脑王"后，在2019年新一季节目录制时，主办方邀请他给新赛季的队员助力，需要他再上赛场。说实话，我有点担心，心里挺有顾虑的，我觉得他再去参加比赛，年龄是所有队员里最大的，反应能力肯定不如年轻选手，万一在比赛现场发挥不好，会招来很多负面声音。但杨易对我说："没关系，就当去玩，比赛过程很有趣，我喜欢。"他能抛开之前获得的荣耀，不在乎别人说什么，让我看到了他的成熟。我很欣慰，七年的大学生涯锻炼了他强有力的抗压能力，让他更加阳光。

相对来说，善良的人对生活的杂念会少一些，杨易很容易活在自己的世界里，他喜欢什么就会去干什么。就像他现在的职业——小学数学老师，也是他喜欢的事情。他会全情投入，耐心倾听孩子的想法，从孩子的角度去理解他们对数学的困惑，给予他们帮助，很多家长和孩子都喜欢他，觉得他是位有耐心的好老师。

《三国志》中刘备临终告诫其子："不以善小而不为，不以恶小而为之。"这句话是对"善良"最好的诠释。

第9节

自己的事情自己做

学龄前的孩子，有一个阶段非常爱劳动。我们扫地，他们抢着拿扫帚；我们做饭，他们会闹着要一块面团儿；我们洗衣服，他们会把小手伸到水盆里。孩子在模仿，也在宣示他们的存在，展现他们的能力。但是，家长不这么认为，通常觉得孩子在"捣乱"，或是训斥阻止，或是拿出零食、玩具转移视线。

孩子在大人的阻挠中，慢慢对劳动失去了兴趣。他们把注意力放到了动画片、手机游戏和种类繁多的玩具上。长大之后，家长发现孩子不爱劳动，宁可闲着也不愿意洗碗、倒垃圾。于是，家长觉得孩子不懂事，不知道大人工作一天有多辛苦，开始唠叨、抱怨。殊不知，这是他们自己"种"下的"果实"。

我还发现，生活上懒惰的孩子，一般学习也不会很优秀。开始我不明白，为什么他们什么都不干，所有时间都用在学习上，可是成绩却上不去。后来，杨易高中毕业时考上了清华大学，暑期里决定勤工俭学，给小学生补课。我因此近距离接触过几个这样的孩子，他们在父母无微不至的呵护下"专心读书"，衣来伸手、饭来张口，每天上下学车接车送。

补课的时候，我有时旁听，发现这些孩子有一个共同的特点——茫然。他们似乎不太会跟着杨易的讲解思路走，而是更关心暑假作业本上的题目怎么做。每当他们按照杨易说的方法把题目做出来时都很高兴，但再给他们出类似的问题时，他们便又陷入了茫然。

几次下来，杨易投降了，无奈地对我说："这样的孩子太难教了，他们其实挺聪明的，就是懒得思考，不想尝试，总想得现成的。"我忽然明白了：过分安逸的生活让孩子失去了进取心，他们不用付出辛苦也能衣食无忧，觉得学习差不多就行了。

杨易从上小学开始，我们就鼓励他自己的事情自己做，自己收拾书包、整理玩具。再长大些，我做家务的时候，他还常常自觉帮忙。一开始，我也怕耽误他做功课，后来发现完全不影响，他做家庭作业的时间总比我想象得短。为此，我还专门问过他："我们同事的孩子作业都做到晚上11点，你怎么这么快就写完了，是不是有没完成的？"他回答说："他们做到那么晚，其实是不专心做作业，肯定经常走神，或者一会儿喝水、一会儿吃东西，拖延到很晚。我上课都听懂了，做作业没有困难，也没干闲事，所以很快呀。"我听了深以为然。

杨易上小学的时候，在收拾书包这件事上，我会完全放手让他做。刚开始的时候，他也会出现忘记带课本、练习册，或者忘记带铅笔、橡皮的问题。每当遇到这种情况，他也都要自己去解决。他可能会向同学借，也会自己跑回家拿，好在我家离学校很近。这样的事情发生过几次，他就接受了教训，越做越好了。养成好习惯后，以后在做任何事之前，他都有准备，计划性很强。

长大一些后，杨易有时寒暑假不去姥姥家，选择自己待在家里。开始的时候，我要很早起床，给他把饭做好，放在蒸锅里，交代他中午自己热热吃。后来，杨易看我太辛苦，就主动要求自己解决吃饭问题。我虽然不放心，但还是放手让他尝试。每到中午我会再打电话嘱咐他小心用火、小心切菜、小心……次数多了，很让他嫌弃。

经过这些锻炼，杨易不仅能将自己的学习安排得井井有条，还能把生活安排妥当。虽然他只学会了做一些简单的菜，比如鸡蛋炒西红柿，但是饿不着。有时，我晚上加班，他还会问我想吃什么，替我做好。有几次我很晚回到家，还真吃到了他做的饭。印象中，他上初中时学会了做咖喱鸡和炸酱面，味道很不错。我问他怎么学会的，他自豪地说："从百度上学的。"

因此，我挺欣慰的，觉得他特别懂事。从小他独立生活能力就挺强，所以他后来出去上大学，包括工作后在外独立租房居住，我都挺放心的，觉得他能自己照顾好自己，能将自己的工作和生活打理好，不依赖家人。

从杨易身上，我总结出了一个观点：生活上懒惰的人，思维也懒惰；手脚勤快的孩子，在遇到困难的时候，首先想到的是独立解决，而不是靠别人。换句话说，只有"体勤"才能带动"脑勤"，身体和思维是相互促进的。

第 **10** 节

自信很重要

杨易小的时候有点内向，喜欢自己玩。一件喜爱的玩具，玩上半天他也不烦；一个简单的游戏，重复多次，他依然乐此不疲。姥姥常说，只要我不在家，杨易就超级乖；我一回家，画面就变了，一会儿叫、一会儿哭，一点也看不出乖来。

后来许多做了妈妈的亲戚、朋友，也有同样的感慨。我当时年轻，不理解为什么，后来想明白了，是因为他一天没见到妈妈了，见到妈妈后开始撒娇！怪不得每天我上班离家的时候，他总是眼泪汪汪地嘱咐我："早点回来，4点回来！"那时，在他的概念里，"4点"代表着很早回家的意思。

上幼儿园时，杨易也不太合群。别的孩子都在操场上撒欢儿，他总是站在边上看热闹。老师也很头疼，不知道怎么调动他加入到小朋友中去。可回到家，每当我们问起幼儿园的事，他却总是说得热热闹闹，一副乐在其中的样子。

上小学后，他依旧不积极参与集体活动。放学后写完作业，常常窝在家里看课外书，或是做手工。我让他下楼跑跑，找院子里的小朋友玩，他也很少响应。一般都是我收拾完，拉着他下楼，他才高兴地跟着我出去。他不是不想出去玩，只是不愿自己出去。那时候我就想，这孩子真胆小。

上中学前，杨易除了学习成绩不错，其他方面并不怎么出色，特别是运动能力更是堪忧。学校的运动会上，他每次都是后勤组的，帮同学拿衣服、给广播站投稿，竞技项目一次都没参加过。

为了帮他改变性格，让他变得更活泼，我们做了许多尝试。比如，在他过生日时请同学来家里做客；上学时让他带一些糖果、零食和同学分享；带他参加一些社会实践活动，投入到人群里增加交流。虽然情况有所改观，但效果不十分明显。

有一天，我从书里读到一个经验，用"鼓励疗法"改变孩子的内向性格，一句话，就是要多夸赞。每天在孩子身上找一个"闪光点"，及时、毫不保留地夸赞。当孩子有好的表现时，他及时得到鼓励，从而逐渐建立起自信心，就会变得开朗。

中国的父母在表达感情方面有些含蓄，在杨易身上每天找一个闪光点并及时表示赞许，我一开始挺不习惯的；而且我又有点完美主义，挑错的能力往往高于发现成绩的能力。但是，我还是硬着头皮尝试了，后来慢慢地发现，其实他有许多事情确实做得不错，值得表扬，也就不再吝惜赞美之词了。

就这样潜移默化地积累，杨易身上真的发生了变化。他上初一的时候，一天放学回家，我正在做饭，他拐进厨房对我说："告诉你一个好消息，我报名竞选学校英语竞赛的主持人了！"

我当时惊住了，不能想象总是靠边站的他，怎么有勇气站在众人瞩目的舞台上，还要承担起主持的重任。

"你行吗？"我下意识地问出来。

"行呀。"杨易回答得有点不自然。

"对，肯定行，我儿子是最棒的！"我欣喜万分，尽管看到他眼中闪过一丝不自信和忐忑，但我赞美的话还是由衷地脱口而出。

那次杨易主持得很成功，因为他付出了努力。活动之前，我们用了好几个晚上练习，从身形、步法到眼神、语气，他练得很投入，我看着感到很欣慰。那次成功的尝试之后，他获得了极大自信，找到了适合自己的表达方式。他曾对我们说，将来他想做一个主持人，考北京广播学院。我们当然无条件支持，只要他喜欢，怎么都好。

这次主持活动是他成长过程中一个关键的转折点，从那以后，他"开挂"了，变得积极、乐观，参与了学校的不少活动，还代表学校出席了与深圳一所中学的交换互访。他一下成了班里的积极分子，受到老师的重视和同学的关注，从而获得了更多的表现机会。

这是一个健康的循环，大家的认同使他看到了自己的潜力，对学习和成长都有积极的推动作用。初中三年，他每次大考都有稳定发挥，心理素质很好。高中以后，成绩稳定在班里前5名。后来他参加高考，"理综"得了全区第一，其他科目成绩也很突出。工作后参加《最强大脑》比赛，在比赛现场显示出强大的自信心，这些都要归功于那一次成功的主持，那是他突破自我迈出的第一步。

自信对于孩子的成长和成才至关重要，家长要帮助孩子找到自身优势，让孩子看到自己的特长，在学习甚至未来的工作中，始终保持一种自信。

第 **11** 节

好父母和好老师是孩子成长的"助力器"

我是一位"60后"妈妈，偶尔也跟"80后""90后"的妈妈聊聊育儿经。交流过程中我发现，我的育儿观点一点都没落后。这源于我一开始提到的，从怀孕那时起，就广泛涉猎育儿知识，不盲从上一辈的育儿经验。当时，我的育儿观可能有些"超前"，还受到了不少人的质疑。

杨易上小学的时候，周围很多家长都对孩子的学习很重视，在学校作业之外，还给孩子布置额外作业，或找来北京市里好学校的习题和考试题让孩子做。现在的孩子学习压力更是越来越大，很多孩子课余时间都被各种培训班占满了。我经常看到家长在周末陪着孩子满城跑，上完文化课补习班，再赶着去舞蹈、钢琴等兴趣班，孩子的午饭都只能在外面的快餐店解决。但多数情况，成果并不显著。孩子在学校上了一周课，已经很累了，周末也不能睡懒觉，不能痛痛快快地玩一会儿，还要去各种补习班，甚至家庭作业都要挤时间做，根本没有吸收课堂知识或预习的时间，很容易造成厌学情绪。

我和杨易爸爸不太认同这样的教育方法，我们认为，一张一弛，乃文武之道。从我的实践看，建议家长要有针对性地给孩子报补习班和课外班。对于学得不理想的学科，报个提高班很有必要；对于孩子感兴趣的专业，找个老师专门辅导也是不错的选择。但切忌攀比，否则盲目投入大量精力、财力，不一定能换回想要的结果。"不能让孩子输在起跑线上"的想法有点牵强。

在杨易的小学阶段，我们给了他相对宽松的学习环境。只要他完成学校规定的作业，剩下的时间随他支配，唯一上的课外班是"剑桥英语"。当时，他们学校在三年级开设了英语课，内容相当简单，而且口语方面比较弱，上这个课外班，主要是看重他们在口语方面的优势。每周末上半天时间，孩子还很感兴趣，回来和我说："老师讲得很好，和学校的老师不一样，还和我们做游戏，谁学得好还给小礼物。"言语之中表达出对老师的喜爱。他在这个课外班成绩很好，毕业时得到了 15 个盾的奖励。兴趣是学习的动力，好的老师是孩子坚持学下去的决定因素。

在杨易的成长过程中，姥姥和姥爷付出了很多心血。姥姥是老师，受过专门的培训，对于教育有独到的经验，和我们在育儿方面没有大的分歧。我们的小家也很民主，有事商量，不搞"一言堂"。虽然在杨易很小的时候，我们也希望他长大后能考取清华、北大这样的著名学府，但是在整个高中阶段，我和他爸爸都没有明确要求他一定要为考上清华或者北大而努力学习，一切看孩子喜欢。他的理想也是不断变化的，小学时候他在作文里说长大了想当医生；中学时他对我们说想考北京广播学院，将来做节目主持人；高考填报志愿的时候，他最终填了生命科学专业。我们都没有过多干预。我觉得读大学，专业固然重要，但不是唯一要关注的，整个大学的学习历程更为重要，对学生各种能力的培养同样重要。

前段时间，看了电视剧《小欢喜》，乔英子和她妈妈宋倩之间的故事让我印象深刻。我觉得宋倩可能代表了生活中的很多妈妈，对孩子的控制欲极强，不太会从孩子的角度出发去考虑孩子真正的兴趣。她们总觉得孩子还小，在人生一些关键节点的选择上会不成熟。但其实孩子到了一定年纪，是有辨别能力的。如果不是大是大非的问题，做家长的可以妥协一下，尊重孩子的选择。

我从自己的经历里总结出了一条"真理"：有的跟头孩子是一定要摔的，尽管大人苦口婆心地告诉孩子，前面有一个坑，怎样可以迈过去，但是孩子往往并不认同。所以，对于生活中小的磕碰，我们不妨看着他们去经历，就像小的时候他们摔倒了，我们鼓励他们自己站起来一样。

当孩子的梦想与家长的期待之间有了分歧，父母该怎么办？我觉得还是最大程度地尊重孩子的选择吧。杨易填报志愿时，无论是他当时填报的第一、第二甚至是第三志愿，都是遵从他自己内心最真实的选择。我和他爸爸的观点是：只要杨易喜欢，我们全力支持。

对于他在职场上的选择，我们的态度也是如此。他学的专业是生命科学，如果要在这方面取得成绩，最好继续读博士。当时我们也鼓励他继续读博士，但杨易说不想读了，因为他觉得自己的兴趣点不在生命科学研究这方面。

记得当时我还问过他，既然不喜欢做生命科学方面的科研，那你为什么还读这个专业的研究生呢，是不是浪费了？他告诉我，这几年的研究生并没白读，虽然学的一些专业知识可能在未来用不上了，但是研究生阶段所学的思维方式，甚至读研究生的整个经历对他来说很宝贵，可以应用到以后任何的工作中。听到他这么说，我们觉得他对自己的人生是有规划的，就欣然同意了他不继续读博士的决定。

毕业后，他去"新东方"当了一名小学数学老师。一开始我们对于他的选择有点不理解，总觉得"双清"毕业，去当小学老师有点屈才了，起码也得当中学老师呀。但他觉得小学数学老师这个职业很适合自己，他在教学和课研的过程中能够收获成就感。看到他喜欢、认可，我们就不多加阻止了。

从目前来看，杨易的选择还是正确的。在小学数学教学中，他用自身的优势和兴趣将工作做得越来越好。我和他爸爸挺开心，觉得当初支持他的选择是对的。

在孩子的成长过程中，遇到一个或者一些好的老师，是孩子的幸运。我印象最深刻的是杨易初中遇到的英语老师，她鼓励杨易积极参加学校的英语主持人竞选，让他在中学阶段建立了自信心，对他的性格从内向到外向的转变大有益处。

常有人问我，如果孩子遇到不喜欢的老师怎么办？这个问题，杨易也碰到过。初中时，他特别讨厌一门学科的老师（估计被他严厉批评过，自尊心受到了伤害）。有一天，他对我说，因为不喜欢这个老师，所以连带这门课他都不喜欢上了。当时我也挺焦虑的，但还是故作轻松地开玩笑："你不喜欢上这门课，妈妈也把这门课的学费交了。如果你因为不喜欢这个老师就不想听这门课，那我们岂不是吃亏了？是不是有点幼稚？不喜欢老师没问题，但老师教的知识总没错，你只要学习知识就可以了，其他并不重要。也许你学好了这门课，老师以后会越来越重视你，到时候你就觉得他不那么讨厌了。"杨易听后若有所思地点点头，我觉得他听进去了我的意见。从那以后，他没再说过这件事，那门功课也没落下。整个中学阶段，杨易没有偏科，各科成绩齐头并进。

我很庆幸，我和孩子的关系一直像朋友一样，他有了不好的情绪能和我说，让我及时了解他的想法。如果没有这次及时、有效的沟通，也许会出现我们不愿意看到的结果。好的学习成绩里面有他的努力，有很多位好老师的教育，也有我们家长的耐心引导。

父母是家庭教育的主角，老师是学校教育的主角。家庭教育和学校教育要完美结合，好老师和好父母是孩子成长的"助力器"，对孩子的成长都很重要。

父母的眼界，
孩子的世界

第三节

机械"刷"题 ≠ 学好数学

学好数学并不是无休止的"刷"题和演算。之所以把这个观点单独拎出来作为一节，是想提醒家长和孩子，学好数学需要做大量的题，但反过来做了过量的题，数学不一定能学好。学数学要避免机械"刷"题，精做好题才是学好数学的正确方式。

机械"刷"题对学好数学没有任何帮助

在数学学习中，有的教育者倡导题海战术，认为这是学好数学的必经之路；也有人对题海战术嗤之以鼻，认为这是非常不合理的。

对于做数学题，我认为，首先应该客观看待这个问题。很多数学题型孩子一开始不会做，但对这些题型加强练习后，自然而然就会了，这就是所谓的熟能生巧。

但在这个熟练过程中，很容易进入一种机械"刷"题状态。当"刷"题量很大的时候，孩子对做题会本能进入一种疲倦状态，基本上是依样画葫芦，把前面的公式步骤抄一下，换个数算一算而已。实际上这只是练习了一两遍计算，对于解题思路的理解没有任何帮助。大量机械"刷"题，孩子对题目的理解不透彻，并不能真正掌握数学解题的思考逻辑。

做题的真正目的并不是刷数量，而是要加强对题目本身的思考，并通过解题来检验孩子的学习效果，发现学习中的不足，便于改进和提高。因而，解题后的反思总结很重要。

正确方式——高质量做好题

让孩子做数学题，核心是给孩子做好题、让孩子高质量做题。好题，是孩子数学学习的宝贵财富，但好题贵精不贵量。

什么样的题才算好题？第一类是数学教材的配套练习册，其题目大多都是比较好的。一来，它很好地对应了书上的知识点；二来，每道题目在基础知识上又有很多变化，有利于孩子在巩固知识的基础进一步提高。第二类是包含考试真题的习题册。这些习题册中有历届期中、期末考试，幼儿园升小学，小学升中学，以及各种竞赛中出现的经典题目。特别是有些习题册会对题目进行分类，和教材对应工整，更有利于学生记忆知识点。

找到了好题怎么用？首先，做题的过程要细致。可以集中在一个完整的时间段内做题。其次，专注做题的时候，先不要阅读参考答案，或者做一半就去对答案，这样做就浪费了好题的效果。就像我们看一本好书或者一部好电影，一旦被剧透就没意思了。做完后再去对答案，如果答错了，就需要进行错题总结。越是和书上知识结合紧密的题，越要深入思考，争取把这一核心知识点理解并记住。如果解答正确，可以看答案解答过程是否和自己思考的有区别，有可能答案会有更经典的解答步骤，或者有更先进的解题思路。从这些层面去思考，有助于孩子更全面掌握知识点，从而提升学习效果。

最后，根据我自身的做题经验，同一个知识点，精做 3 ~ 5 道好题，就已经足够，不需要再继续"刷"题了。

第四节

家长的迷茫、苦恼和疑惑

家长的迷茫

上幼小衔接班,孩子应该学基础数学知识,还是应该进行数学思维训练?

这个困惑还是很有普遍性的。一方面,是因为现在家长对幼小衔接班的数学培训越来越重视。儿童认知发展研究表明,孩子在 2 岁时,数学思维已经开始萌芽。2 ~ 7 岁是孩子思维发展的敏感期,在这个时期进行数学启蒙教育是发展思维能力的重要方式,更能为孩子以后的学习能力和思维能力打下坚实的基础。

另一方面,怎么给孩子选择合适的幼小衔接数学课程体系,是家长非常关注的,也是非常关键的问题。

我个人建议,一般孩子上幼小衔接班学基础数学知识即可。不是说这个阶段的孩子不能上数学思维训练课,主要在于现在市场上的幼小衔接班教学水平参差不齐,很多机构推出的课程体系并不一定适合这个年龄段的孩子。

但如果孩子学数学基础知识,不仅能保证学好,学到的知识将来也能应用;而且学知识的过程中也能学到数学思维,因为数学思维课程本身就是以知识为载体的。但如果家长对数学思维课程体系了解不深入，只了解一个概念，不知道概念背后是什么，就容易给孩子盲目报班或选错课程。

家长的苦恼

孩子上小学后，完全没找到学数学的状态，怎么办？

小学一年级的数学相对来说比较简单，一般会先让孩子认识数字 1 ～ 9；然后再让孩子学习 1 位数进位的加法，再加上一些简单的图形认知。

这样的学习进程，家长会认为太简单了，觉得孩子没有进入数学学习状态。其实家长不用急，也不要把焦虑的情绪传递给孩子。如果觉得一年级数学太简单，家长可以自己思考孩子该学些什么，针对孩子的个人状况，给孩子制订合适的数学学习计划，或者选择合适的数学培训班。

在这里要特别提醒家长，在辅导小学数学时，让孩子对数学学习产生兴趣、从小建立起学习数学的信心很重要。

家长要特别注意，辅导孩子做数学作业，不要想着告诉孩子解题的方法，而是应该重体验。因为具体的解题方法老师都会教，教方法老师更专业。所谓的重体验，是指应该更多和孩子玩一些数学体验游戏，发挥数学在日常生活中的应用。可以做数学小实验，也可以和孩子聊聊数学发展史，说说杰出数学家的故事等，让孩子在体验中对数学有更深的感性认知。

家长的疑惑

学数学是不是得有天赋？女儿上初中了，数学总也学不好，怎么办？

学数学是不是天赋很重要？我非常讨厌这个观点，因为它否定了学数学的人的努力。别看那些数学天赋超群的人学得很轻松，其实他们下的功夫远超我们的想象，世界上并没有无缘无故的成功。

如果孩子数学学得不好，家长就觉得与孩子的天赋有关，认为孩子没有天赋，给孩子打上这样一个标签。这相当于让孩子主动放弃要学好数学的信念，扼杀了对孩子学习数学多维度能力的挖掘。

那些被视作数学学习没有天赋的孩子，会认为数学能学好都是天生的，自己天生学不好，也就没有努力的必要了，从而对数学学习完全丧失激情和动力。久而久之，就形成了一定的恶性循环。

可是，有些人愿意为自己的目标去努力。就拿我自身来说，我并不是属于学习数学有天赋的人。二年级时，数学成绩倒数，但后来之所以能逆袭，是因为我没有放弃，找到了关键的方式方法，让我对数学学习的信心和兴趣没有缺失，这也是我能学好数学的核心所在。

在学数学需不需要天赋这个问题上，还有很多家长认为男孩学数学更有天赋，女孩学数学没什么天赋，因此男孩会比女孩学得更好。这其实也是没有科学依据的。

我带过的竞赛班，属于数学学习的尖端班，一个班有 10 ~ 20 人，男孩与女孩的比例是 6 ：4。在这样的班级，课程设计相对比较深。要加入这样的班级，对于孩子的数学能力也做过相对严格的筛选。但从男孩与女孩的比例来看，并没有发现男孩在学习数学上有更大的优势。之所以男孩比较多，也是因为家长对男孩学习数学这件事更有信心，认为男孩在数学学习上更可能出成绩，所以会更多地把孩子往竞赛班里送。

美国斯坦福大学著名行为心理学教授卡罗尔·德韦克在《看见成长的自己》一书中讲道，她通过给小朋友做不同难度的智力拼图游戏，发现影响一个人成就的决定因素不是天赋、性格和家庭模式，而是心智模式。

心智模式分为两种：固有型和成长型。卡罗尔·德韦克认为，否定能力和智商是可以提高的，性格是可以改变的，就是固有型心智模式；反之，如果肯定以上这些，就是成长型心智模式。

一般来说，拥有成长型心智模式的人相信：我的能力和智商不是一成不变的，只要努力，一切都是可以改变和进步的；挑战可以帮助我进步，失败说明我在学习；别人给我的反馈可以帮助我变好。

拥有固有型心智模式的人则相信：我的能力和智商是天生的，跟我努力不努力无关；我只做会做的事，不挑战没做过的任务。

对应这两种心智模式，如果我们将女孩定义为没有数学学习天赋，就是在用一种固有型心智模式做判断。随着这种心智模式的不断深入，女孩在数学学习中会越来越没有动力。

优秀的人都在学数学。在学习数学过程中，如果我们能和孩子一起从正确的认知开始，学习数学就可以变得很简单。让孩子爱上数学之美，并不是一件很难的事。

第三章

易学易用的数学思维方法

第一节

什么是数学思维方法

在介绍数学思维方法之前，先来说一说什么是数学思维。数学思维就是用数学思考问题和解决问题的思维活动形式。数学思维也就是人们通常所指的数学思维能力，即能够用数学的观点去思考问题和解决问题的能力。

什么是数学思维方法？数学思维方法是解决数学问题、锻炼数学思维过程中用到的方法。这是我在从事学龄前和小学阶段数学教学过程中，结合教学实践以及参考一些相关数学理论总结出来的一个定义。

数学思维和数学思维方法之间是一种什么样的关系？

第一，是理论与实践、抽象与具象的关系。数学思维是一个庞大而又非常理论化的体系，更偏向于一种能力，相对抽象；而数学思维方法是教孩子建立数学思维的具体实践的方式、方法，相对具象。

第二，思维需要自我内化，方法可以教会。现代数学教育体系强化养成数学思维对于孩子学习数学的重要性。但我觉得数学思维并不是老师在教室里能直接教给孩子的，或者是孩子通过做数学题能直接得到的。数学思维这种能力更多的要靠孩子自己去琢磨和感悟，最后内化成自己的思维体系。对于低幼和小学阶段的孩子来说，让他们自己去琢磨和感悟数学思维太难了些。因此，我们需要总结一些易学易用的数学思维方法教给他们，让他们在解决一些数学问题时可以用到。这些方法对培养孩子的数学思维是有积极意义的。

假如我们对数学思维和数学思维方法的认知更清晰，那么对于数学与素质教育之间的关系认识也会更深刻。用数学思维方法训练孩子的数学思维，从本质上揭示了数学是一种思维历练，也是一种素质教育。

达尔文说："最有价值的知识是关于方法的知识。"数学思维方法就是数学老师能传递给学生的最有价值的核心武器。

在这一章，我提炼了六大数学思维方法，分别是代数运算、归纳分析、类比对比、演绎推理、抽象建模和数形结合。

图 30　六大数学思维方法

这六大数学思维方法，不仅是我从小学习数学的经验总结，也是我近几年来数学教学实践经验的总结与提炼。这些方法操作性强，适用于每个孩子，并且孩子在使用过程中能切实体验到方法的简单易学及易用。

同时，这六大数学思维方法也充分考虑了应试教育和素质教育之间的最佳结合点，能帮助孩子更好地训练数学思维。

第二节

代数运算：数学思维方法的第一环

代数运算是数学思维方法的第一环，属于数学思维方法中的基础型方法。

小学数学的核心知识其实是算术，用到的方法和工具是列竖式、脱式计算等，以加法、减法、乘法、除法四则运算为基础形式。到了小学高年级阶段，数学对孩子的要求从具体数的计算演变为代数运算，这是孩子数学学习过程中极为重要的转变。

用一个东西去代表数，叫作代数。听上去挺简单的，但孩子对这个概念的理解成本还是非常高的。对于小学阶段的孩子来说，让他们理解 20+20=40 这个题目代表的含义比较容易，但如果换成 2a+2a=4a，孩子就有点难理解了。这里的 a 可以代表任何一个数，可以代表已知的数，也可以代表未知的数。代数对孩子来说是数学学习中一个理解性的飞跃。

用字母代表我们平时常说的 1、2、3、4、5……这些数字，提供了很多种可能性，是一种整合。这时，一个算式就代表一类运算，孩子对算术的理解从一个一个具体的题目，变成一种方法或一类问题。代数表示的是一类算术运算规律，代数运算的内容和方法比算术运算具有更广阔的意义。它符合数学的特点，是数学抽象思维的一种体现。因此，代数运算对孩子来说是一个很重要的数学思维方法。

在解决数学问题的过程中，代数运算与算术运算被认为是两种手段。从解决问题方法的多样性来考虑，算术、列表都不失为解决问题的途径，但从思维发展的角度来说，代数运算是在抽象层面上进行思考，具有一般性，更有助于培养孩子高层次的思维。

不管是哪一年的高考，数学甚至是物理、化学，很多题目都需要用到代数运算。特别是高考数学试卷，90% 以上的题目都用到了代数运算。中小学阶段的数学内容分为几何和代数两大科目，其中又以代数所占比重为大。因此，代数运算是孩子必须具备的基础方法和能力。

掌握了代数这个概念后，我们才能掌握更高级的工具，比如函数和方程等，这二者也是在中学阶段经常使用的工具。

同时，几何学也与代数密切相关。比如两个三角形，其中一个三角形的一个角比另一个三角形的一个角大，这是一个几何概念。假如我们把两个三角形的两个角分别用 α、β 来代替，得出的结论是 $\alpha > \beta$，这就是代数。很多时候，在几何学中会用到代数运算。

怎样才能让孩子建立很好的代数运算思维方法呢？

首先，不要把代数运算想得很复杂、高深莫测。代数在日常生活中很常见，即使不研究数学，很多时候我们也会用到代数运算。在生活场景中让孩子去理解和体验代数运算的重要性。

算盘是中国古代劳动人民发明的一种简便的计算工具，用它来计算其实不比计算器慢多少。算盘底下的小珠子表示 1，上面的大珠子表示 5，这就是代数的概念。算盘属于代数运算范畴。

等量代换是代数的一个核心思想，即相等的数量之间是可以互相替换的。这一概念催生了货币的产生，价值相等的东西可以用代表同等价值的货币替换，让我们脱离了以物换物。股票交易、储存黄金等都是代数运算等量代换的体现。

小学语文课本里著名的《曹冲称象》的故事，也体现了代数思想。在当时的条件下，没有办法直接称出大象的重量，聪明的曹冲称出和大象相同重量的石头，也就知道了大象的重量。这也是等量代换的经典应用。

我们日常使用的天平也是一种等量代换的生活应用。一个未知重量的物品，用已知的大砝码和小砝码称出相等重量，我们就能知道这个物品的重量了，这也是一种方程思想的体现。

当人们发明算盘、货币、天平等这些东西的时候，可能还没对代数运算的理念想得那么透彻明白，但那时的人不知不觉就会用了。

例 题

有一个比较有名的砝码称重问题：如何用 4 个砝码，任意称出 40 克以内的整数克？我们只需要准备 1、3、9、27 这 4 个不同重量的砝码就可以了。这个题目实际上和三进制有关，解题的关键就是要突破思维定式，想到砝码放在天平的左右两边都是有可能的。

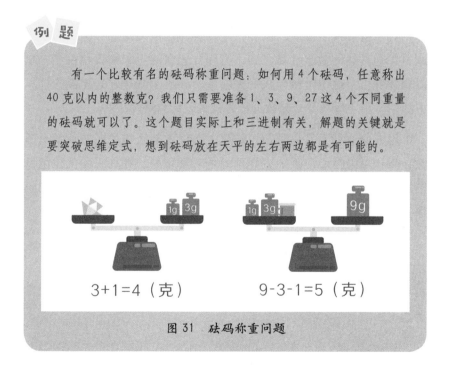

图 31 砝码称重问题

其次，代数运算中，运算是基本操作。引进一种新的数（量），就要研究相应的运算；定义一种运算，就要研究相应的运算律。孩子刚开始学习数学，会学 1+1=2 这类十进制加法，背九九乘法表，学习如何列竖式和列综合算式等，在此基础上，到了高年级就必须逐步学习运算律、等式性质等与运算相关的知识。

再者，加强符号意识的培养，让孩子体会从算术到代数的进步。在算术阶段，每个数都是非常确定的，基本上通过一步或者几步就能算出结果。但当我们面对足够复杂的数学问题时，就需要用大量符号和代数式来表示中间过程，最终得到一个相对简化的结果，这就是代数运算的优势了。

对于小学高年级的孩子来说，学习方程是代数运算上升一个台阶的标志。方程是含有未知数的等式，看起来很简单，但让孩子真正建立方程思维需要一个漫长的体验、理解与感悟的过程。

对于很多孩子来说，他们一开始会面临很多困惑：之前的数学题目都是具体的数字计算，到了方程，怎么就用未知数和数字一起混合计算了？这个时候，我们需要多引导孩子抛开过去死板的计算方法，多用字母代替未知数进行方程式的计算练习。

用方程这种工具去解题，练熟了以后才能让孩子在未来学习函数、微积分时得心应手。方程不只是一种题型，更是一种代数运算的重要工具和思维方法。学习方程的目的，是学会用方程思维去解决实际问题。

孩子最初学习分步列式计算，每换一个题型都要学一种新方法、新思路，是比较低效的。而学了方程以后，只要应用题不是太刁钻，都可以直接通过设未知数列方程来解答。在数学竞赛中，方程是参赛选手解题的不二选择。

第三节

归纳分析：发现科学知识的大门

归纳分析属于逻辑推理中最容易接受和掌握的形式，是数学思维方法里初级的技巧。

归纳是从个别的、特殊的事物推出一般的原理和普遍的事物。归纳法，指的是从许多个别事例中获得一个较具概括性的规则。这种方法主要是对收集到的既有资料加以抽丝剥茧般的分析，最后得出一个概括性的结论。归纳法又分为不完全归纳法和完全归纳法，完全归纳法又被称为数学归纳法。

不完全归纳法容易被接受和理解，却不太严谨。比如，孩子在观察学校的数学老师时会发现，杨老师是男老师，李老师是男老师，傲老师也是男老师，那么数学老师都是男老师。这是由不完全归纳得出的结果，符合不完全归纳，但这个结果显然不正确，因为数学老师中还有很多女老师。

不完全归纳法虽然不够严谨，但是我们仍可以把它当成发现问题的方法，也是发现规律的方法。

孩子认识世界的过程或者发现数学问题的过程，往往都是从不完全归纳法开始的。比如春天来了，外面杨树是绿色的、柳树是绿色的，枫树也是绿色的……孩子会觉得所有的树都是绿色的。尽管这个世界上确实有极少数树木并不是绿色的，但这并不妨碍它成为孩子认识自然的美好开端。

数学上很多重大发现都是由不完全归纳法得出的,然后再用数学归纳法(完全归纳法)去证明。数学归纳法是非常严谨的证明事物的方法,也是证明数学定理的方法。

例如,三角形的内角和是180°,四边形的内角和是360°,五边形的内角和是540°,六边形的内角和是720°……孩子发现每增加一个角就增加了180°。多边形的内角和等于边数减2乘以180°,这就是一个不完全归纳法。继而用数学归纳法可以严格证明这个结论。不完全归纳法是孩子在课堂上总结规律的好帮手。

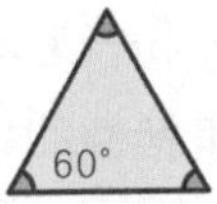	三角形	3条边	内角和180°
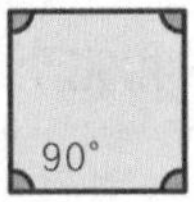	四边形	4条边	内角和360°
	五边形	5条边	内角和540°
每增加一条边,内角和增加180°			
	N边形	N条边	内角和=(N-2)×180°

图 32　多边形的内角和

在生活中,归纳分析应该是一个由观察到猜测,最后到验证的过程。观察特征—猜测规律—验证结果,归纳分析让孩子形成这样一种思维链条,这三步是进行每一个科学研究的必经过程,被无数学者进行验证。

怎样让孩子建立良好的归纳分析数学思维方法？

多玩寻找规律的题目。利用一些图形、数字等，摆出一定的规律，让孩子找到规律。最初对于图形和数字的规律设定可以简单一点，随后慢慢进阶。图形规律的题目可以有效训练孩子的观察力，数字规律的题目可以有效训练孩子的数感。

这里不妨给大家分享一道《最强大脑》节目中出现的找规律问题：你能运用"观察特征—猜测规律—验证结果"的方式找出下面空缺的数吗？

235　　245　　256　　269　　286　　（　）　　307

第四节

类比、对比：激发灵感的数学思维方法

　　类比与对比是两个经常联系使用的思维方法，它们能激发数学思维的灵感，诞生新的创意。这二者中我更看重类比思维方法的建立。

　　日本著名物理学家、诺贝尔物理学奖获得者汤川秀树指出："类比是一种创造性思维的形式。"哲学家康德也曾说过："每当理智缺乏可靠论证的思路时，类比这个方法往往能指引我们前进。"

　　什么是类比思维？即根据两个具有相同或相似特征的事物间的对比，从某一事物的某些已知特征去推测另一事物的相应特征的思维活动。类比思维是在两个特殊事物之间进行分析比较，它不需要建立在对大量特殊事物分析研究并发现它们的一般规律的基础上。比如，我今天想吃炒油菜，但是我从没炒过油菜，这时，我想到我有炒白菜的经验，白菜和油菜比较相似，那我就试着用炒白菜的方法去炒油菜，再结合实际情况做些调整。这就是类比。

　　类比可以在归纳与演绎无能为力的一些领域发挥独特作用，尤其是在那些被研究的事物个案太少或缺乏足够的研究和科学资料，不具备归纳和演绎条件的领域。

　　我把归纳和类比称为合情推理，归纳是从很多的案例中找到规律和关系，最终总结出一个结论；类比是在已有的经验基础之

上，从一件事情出发，投射另外一件事情，属于一种横向关联。

类比思维是孩子进行探索学习的一种重要手段。通过类比去思考探索、学习新知识，让孩子从本质上掌握数学知识，推陈出新，建立起一定的数学关联思维。简单地说，类比就是由此发现彼。

人们在创新的时候，会更多地运用类比思维方法。因此，在公务员考试中最容易出现一些带有类比思维方法应用的题目，比如下面几道题。

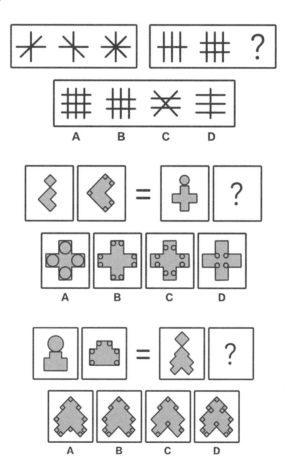

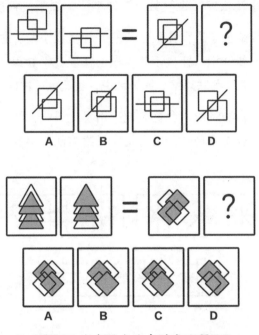

图 33　公务员考试中的类比题目

　　类比容易创造新的方法，一个人的类比思维能力强，就会更有创造性，也会更聪慧。所以在智商测试中，类比思维类的题型会占很大的比重。

　　我们前面说到，归纳是从特殊到一般，类比则是从特殊到特殊。

　　在类比思维的建立过程中，孩子会更多地用比喻的方式推导事物与事物、事件与事件之间的关联。在学习数学的过程中，如果孩子将类比思维方法运用得好，对新概念的接受会更容易，也更容易理解数学中的抽象概念。

　　在学习计数原理时，孩子会接触到很多形象化的方法，如捆绑法、隔板法、插空法等。

例 题

　　隔板法就是类比用木板把小球分隔开的场景，来求有多少种不同的分组方法。比如把10个篮球分给3个小组做课外活动，有多少种不同分法呢？这个问题可以类比为：10个篮球放成一排，中间有9个间隔，把2块木板分别插入2个不同的间隔中，得到左、中、右3组篮球，刚好对应三个课外小组，问题一共有多少种插法。

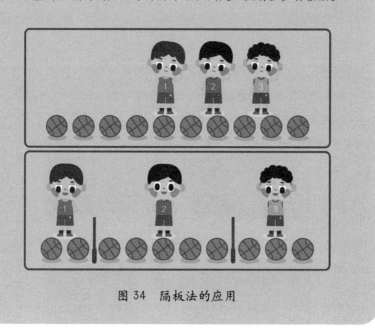

图34　隔板法的应用

　　培根说，类比联想支配发明，他把类比思维和联想紧密相连。孩子不断接受新的数学知识，很多时候靠的也是类比联想法。比如，当孩子学会了2+2=4，他自然而然也就会解答出20+20=40，这两道题目之间就可以建立一种类比联想。

　　用类比思维的方法，可以让孩子完成很多初级的数学学习，特别是孩子最初的自学能力，大部分都来源于类比思维方法的应用。

类比思维不但是一个推理过程，还是孩子产生新知识的来源。孩子能不能由学过的知识领悟到新知识，能否灵活应用这一数学思维方法是关键。

之前提到的鸡兔同笼问题，它的本质其实是方程组问题。在掌握基本解题思路后，我会让学生类比其他题型。

例题

比如，用若干张 2 元和 5 元的纸币去购物，总价格和使用纸币的张数已知，想要求解两种纸币具体的张数。这就相当于有若干只 2 条腿的动物和 5 条腿的动物关在一个笼子里，求解一个变种的鸡兔同笼问题。

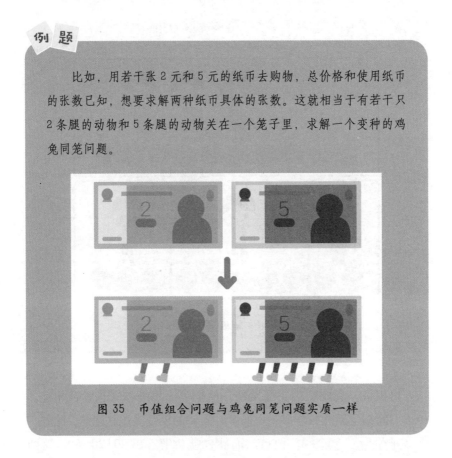

图 35　币值组合问题与鸡兔同笼问题实质一样

再比如，小朋友学习立体几何体积公式的时候，就可以类比平面几何的面积公式，既易于理解，又方便记忆。

类比在数学解题中的具体应用，包括解题思路的类比、相似题型的类比、场景类比等不同维度。老师和家长平时要多注意这些题目的引导。

解题思路类比偏宏观，思想一致即可，未必属于同一个知识背景。

例题

如，在求阴影图形面积时，如果空白区域面积更好求，可以先求空白面积，再用整体减空白。

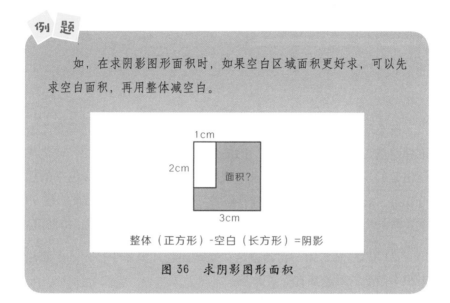

图 36 求阴影图形面积

类似地，在计数的时候也有这样的技巧。

例题

例如，含 0 的三位数有多少个？直接说明有一定难度，因为 0 可能在个位或者十位，也可能两位都是 0。但换个角度，不含 0 的三位数更容易计算，根据乘法原理可知有 9×9×9=729 个，从 900 个三位数中减去 729 个，剩下的就是含 0 的数。其原理和前面求阴影部分面积有异曲同工之妙。

不含0的三位数：
9×9×9=729（个）

整体（所有三位数）-空白（不含0的三位数个数）
=含0的三位数个数
900-729=171（个）

图 37 含 0 的三位数个数

在小学数学中，有很多思路是具有普遍性的，复杂问题要先去除特殊情况。如"几倍多几"的倍数问题，要先去掉多的，转化成整倍数问题更容易解答；在求不规则图形的面积时，把多出来的部分切掉，转化成基本图形更容易解答。甚至在计算时，如果出现 99 乘某数的情况，可以先把 99 当作 100 来算，再去掉多出来的 1 份即可。

这些思路总结为一句话就是：复杂问题，多去少补。这个想法对很多陌生的难题都有奇效。

题型的类比偏微观。题目属于同一知识背景，结构、数据或提问方式有相似之处，是比较容易比对的，如上文中提到的鸡兔同笼问题，类似的还有章鱼螃蟹同水族箱、自行车汽车同停车场等。这些题目也是为了考查孩子对于知识的类比迁移能力。

第五节

演绎推理：严谨的数学思维方法

所谓演绎推理，就是从一般性的前提出发，通过推导得出具体陈述或个别结论的过程。

演绎推理是从一般到特殊，是前提蕴含结论的推理，是前提和结论之间具有必然联系的推理，是一种确定性的推理。因此，它代表了数学思维方法的严谨性。蘑菇是植物吗？如果你恰好不清楚这个小知识，可以由更宽泛的常识演绎得知：植物与真菌是两种不同的生物类别，而蘑菇属于真菌。那么，我们可以由以上信息得出结论：蘑菇不属于植物这个类别。在演绎推理中，只要前提是正确的，它的结论也可以保证是正确的。

演绎推理的形式有三段论、假言推理和选言推理等。在任何教学工作中，依据一定的科学原理设计，进行教育与教学实验，都离不开演绎推理的方法。

演绎推理考验严密的程度，最核心的是三段论：大前提、小前提和结论，这是人们有理有据证明一件事情的过程。在《全日制义务教育·数学课程标准》中明确规定："推理能力的发展应贯穿在整个数学学习过程中。推理是数学的基本思维方式，也是人们学习和生活经常使用的方式。"

演绎推理在日常生活中很常见。比如，被人们称为"世界屋脊"

的青藏高原，一座座高山耸入云天，巍然屹立。其南端的喜马拉雅山横空出世，雄视世界，是世界第一高峰。谁能想到喜马拉雅山所在的地方，曾经是一片汪洋，高耸山峰的前身竟然是深不可测的大海，地质学家是怎么得出这个结论的？

地质学家在喜马拉雅山区考察时发现，高山的地层中有许多鱼类、贝壳的化石，还发现了鱼龙的化石。化石是由古代生物演化而成的，而无论任何时期，鱼类和贝类都只能生活在水中。地质学家由此推断，喜马拉雅山所在区域曾经是海洋。虽然没有人见过数百万年前的地球，但地质研究结果是无可辩驳的事实，这就是演绎推理的威力。

演绎推理在数学领域的应用也是相当广泛的。几乎所有定理都是通过演绎推理证明的。在同一个大背景下，只要前提条件站得住脚，那么定理就可以作为真理任意使用。一旦大前提发生了变化，该体系下的定理也要相应变化甚至被推翻。

例 题

例如，长方形的对边相等，这是一个大前提，长方形的 a 边和 b 边是对边，结论就是 a 边和 b 边相等。这就是一个演绎推理的简单过程。

在英语考试里，演绎推理也是常见的。

在高考阅读的一个小短文中提道："Trying to help injured, displaced or sick creatures can be heartbreaking; survival is never certain."。大意是说救助野生动物的行动未必能保证动物幸存。根据这句话，哪个判断是正确的呢？A. 救助野生动物的工作有可能白费；B. 救助野生动物是没有意义的。想做对这类阅读理解题，学生至少需要具备最基本的演绎能力。

图 38 英语考试中的演绎推理

严谨性是数学学科的一个特点。当我们有了一个固定答案，为了证明其严谨性，就需要用演绎推理的方法寻求最合适的解释。因此，用数学解释生活、解释世界、解释所有未知的奥秘，必须经得起推敲，不能是任意改变、模棱两可的。

由归纳类比提出的想法，大多数只能作为猜想或者假设；只有经过演绎推理得到的结论，才可以成为定理。只有通过演绎推理得到的结果，我们才认为它是对的。在数学考试中，所有大题的标准解题过程都是演绎推理，其他的形式是不被接受的。

在学习数学的过程中，当孩子们开始思考为什么时，我们就应该用有理有据的演绎推理让孩子信服。

第六节

抽象建模：学以致用的初次尝试

抽象建模是数学思维方法抽象性的体现，是从孩子已有的生活经验出发，让他们亲身经历，将实际问题抽象成数学模型，并进行解释与应用的过程。在这个过程中，孩子在获得对数学理解的同时，在思维能力等方面也得到进步和发展。在直观中抽象，在抽象中建模，这是数学思维方法的核心之一。

数学是高度抽象的。如用四种符号表示加减乘除四种运算，这就是一个抽象的过程。用字母表示数，是在抽象的基础上更加抽象化。建模就是建立模型，是为了理解事物而做出的一种抽象，是对事物的一种无歧义的书面描述。建模是更高层次的抽象，建模与抽象是数学的本质特征之一。

不要把建模想得太复杂，生活中处处有建模思维。比如单量乘以数量等于总量，结合生活场景来应用，就是一个苹果 3 元，5 个苹果 3×5=15 元。这就是抽象建模的实际应用。

当然，生活中也会应用到非常复杂的模型，这是数学综合思维的应用，孩子可以尝试的数学建模方式有很多，限于篇幅，我在下一章中会展开说明。

第七节

数形结合：体验数学之美

与代数运算、归纳分析、类比对比、演绎推理和抽象建模相比，数形结合不算是传统意义上的数学思维方法。之所以把它归为其中，是因为它非常好用，能让我们体验数学之美，十分巧妙。

数形结合建立在数形优势互补的基础上，抓住了数与形之间本质上的联系，以"形"直观地表达数，以"数"精确地研究形的思维方法。它是将抽象的数量关系与直观的图形结构结合起来进行考虑，既分析其代数意义，又揭示其几何直观，使数量的精确刻画与空间形式的直观形象巧妙、和谐地结合在一起，充分利用这种结合，寻找解题思路的一种思想。

数学家华罗庚说过："数缺形时少直观，形少数时难入微，数形结合百般好，隔离分家万事休。"数形结合的基本思想就是在研究问题的过程中，把数和形结合起来，斟酌问题的具体情形，把图形性质的问题转化为数量关系的问题，或者把数量关系的问题转化为图形性质的问题，使复杂问题简单化，抽象问题具体化，化难为易，获得简便易行的成功方案。利用数形结合能使"数"和"形"统一起来，以形助数，以数辅形，可以使许多数学问题变得简易化。

比如炒股票，如果直接看一只股票的价格和它的变化率，会觉得很头疼，很难直观判断出股票的走势，做出买或不买的决策过程变得很困难。但股票的 K 线图,让我们能很直观清楚地在图中读出股票的变化走势以及波动范围,非常有助于理解股票行情。当数量的变化用图形进行解读时,数学就变得更立体了。

再比如,我们每天晚上看天气预报,在中国地图上画上不同颜色的图形,就知道明天哪里热、哪里冷、哪里下雨了。将温度、降水概率等量化信息与图形颜色挂钩,也属于数形结合在生活中的广义应用。

例 题

常用的完全平方公式和平方差公式,都可以由图形的面积关系进行说明。

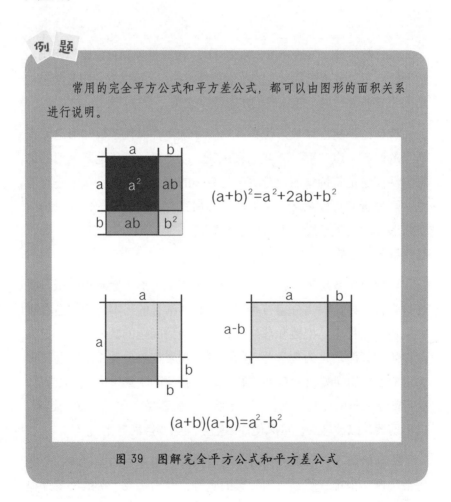

图 39　图解完全平方公式和平方差公式

第八节

数学思维方法在生活中的应用

早上起床是一个统筹的过程。刷牙的同时加热牛奶，吃东西的同时查看天气情况、交通情况，等电梯的时候回复工作消息等。

图 40　统筹问题

上班是一个最值问题。根据当天出门的时间，以及路上遇到的信号灯、公交车拥挤程度、出租车载客情况等，决策出一个最佳路径。这里最佳的标准根据实际情况有所不同，可能是时间最短，或者最省钱、最环保，也可能是多项指标权衡的结果。

图 41　最值问题

　　工作是一个工程问题。工作效率和工作时间决定了工作总量。如果预期的工作不能完成，可能要设法提高工作效率或者延长工作时间。

工作效率×工作时间=工作总量

图 42　工程问题

　　中午吃饭是一个经济问题。满减的套餐，打折的盒饭，还有积分换购的饮料和零食等，哪个能够最经济实惠地满足我的需求？这些在结账之前已经全部算好了。

图 43 经济问题

下班以后还面临很多概率问题。比如，去餐馆吃饭会不会排队等位，跑步健身选哪条路可能遇到朋友同行，网购的快递大约几点钟会送到家门口？就连放松时玩个休闲小游戏"消消乐"，都在盘算着随机掉下来的小动物有多大概率可以被消除。

图 44 概率问题

　　"我在大学里遇到了把知识当作幸福来传播的数学教师，他使学习数学变成一种乐趣。我遇到了启迪我智慧的人。"翻阅王小波《思维的乐趣》这本书，这句话让我印象最为深刻。

　　据王小波的同学透露，这位数学老师叫朱光贵，在他眼里没有数学学不好的笨学生，只有教不好数学的笨老师。他在大学数学课堂上启迪学生的科学和理性的思维方式，让很多学生受用终生。

　　"授人以鱼，不如授人以渔。"王小波大学时代的数学老师很伟大，他教会了学生如何学习数学，同时也把数学技巧背后的数学思维方式传递给了学生。这其实也是我的职业理想，我希望能把那些优质的数学理念和方法传授给更多的孩子。

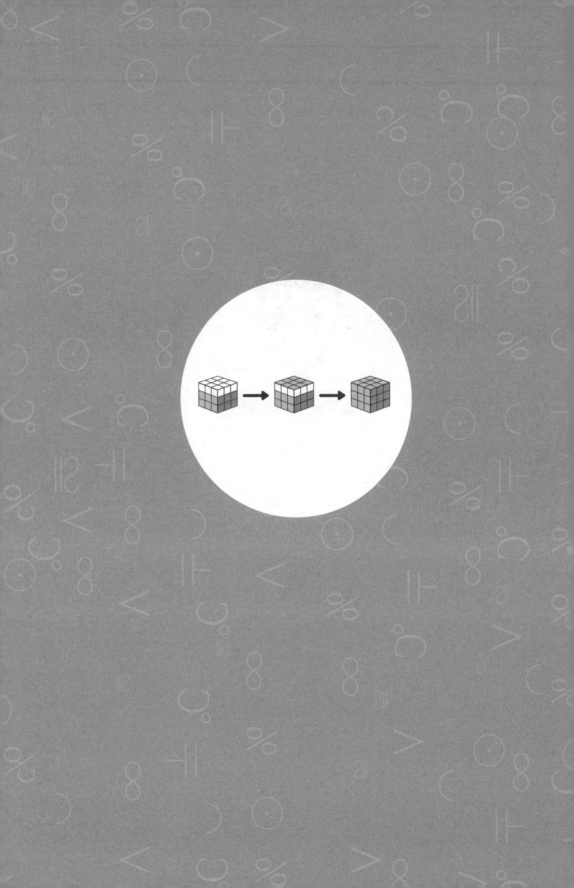

第四章

如何快速提升数学思维

第一节

数学思维的几个维度

　　和朋友一起出门逛街购物，特别是去超市时，朋友常常吐槽我不懂得购物的乐趣。为什么？因为我在选择一类商品的时候，永远只在相似的产品中计算性价比，快速分析出买哪一款才是最划算的，而包装设计、广告语等信息往往被我自动忽略了。

　　我去超市买酸奶就特别喜欢做量的比较。一般酸奶的量不会恰好是整数，不是 450mL，就是 980mL，而且很多品牌会有买 3 赠 1、买 4 赠 1、买大赠小等促销活动。这种情况下，我一般都会很快算出哪个酸奶是最便宜的，便宜和贵之间的差距是多少。再去权衡这个价格差距是否体现出了商品相应的价值，如口味好、营养价值高等。

　　不是我的计算速度有多快，而是我从小就喜欢做量的比较。我对于数量的这种敏感性，得益于小时候妈妈对我这方面的培养。我妈妈是一名会计，平时工作非常忙，她不能陪我的时候，我就在边上看她做账本。小时候，我家有好几大箱子账本，每一页都记着进账多少，出账多少，底下会有个总账。

　　我问妈妈："这是什么？那是什么？"她会告诉我："这是上个月的钱，这是加（或者减）后，这个月剩下的钱。"我觉得特别有意思，会一直翻账本，那个时候我就掌握了大数额的加减规律。

　　妈妈观察到我对账本感兴趣，就有意识引导我这方面的兴趣，让我帮忙算账。无论是借助计算器，还是用手写列竖式的方式，我都会尝试着去做。做完以后，她还会对我计算的结果进行评价，告诉我哪些做对了，哪些做错了。后来长大了一些，我就真的能帮她在年终结算的时候检查账目了。

　　现在回想起来，看账本培养了我对数字的敏感性，属于我的数学思维启蒙。在后来的数学学习中，虽然我的计算能力不是最强的，但我的解题方法和技巧都还不错，这都归功于我在那个时期建立的数感，由数感带来良好的数学思维。

　　如何提升孩子的数学思维？可以从数感、逻辑思维、数理思维、概括思维、抽象思维、逆向思维、综合性思维、创造性思维这几个维度出发，让孩子借助魔方、数独、建模和电子游戏等去拓展数学思维。作为父母和老师，更要从日常生活和教学中去培养孩子的数感，建立起孩子对数学学习的兴趣，挖掘孩子更多的潜能。

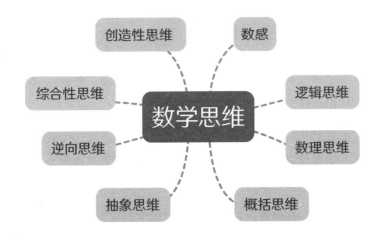

图 45　数学思维的几个维度

第二节

数感——数学思维的灵感

数感的英文是 Number Sense，字面意思就是对数字的感知能力，指的是一个人对数字的理解和运用能力，包括能否灵活处理数字、拆解问题，并从不同的角度看待问题。

数感是对数的一种敏感性。在接触数的过程中，有些人更容易发现数的规律，感觉到数的变化趋势，我把它比喻成数学思维的灵感。很多时候，灵感不是凭空迸发出来的，它是知识积累到一定程度后自然而然产生的。各个知识点之间再产生连接，数感就建立起来了。

灵感也叫灵感思维，指文艺、科技活动中瞬间产生的富有创造性的突发思维状态。通常搞创作的学者或科学家会用灵感一词来描述自己对某件事情或状态的想法或研究。灵感像一张网，这张网里积累的知识点越多，它的网络布局也就越复杂。

假如我们也将数感看成一张网，当我们在思考一个数学问题或者在解一道数学题时，这张网上的一些知识点突然连接上了，产生了一个新的结构，这就是由数感带来的一种数学思维灵感。

说起数感，我非常认可斯坦福大学数学教育学教授乔·博勒（Jo Boaler）的一个观点，她说："现在和将来的社会已经不再需要快速演算的劳动者了，我们欢迎的是以下这些人：对自己的数学能力充满自信，有能力开发数学模型，对社会生活某个领域的发展趋势进行预测，善于进行数学推理、交流、阐述理由和解决问题的人。"

这充分揭示出，未来社会越来越需要数感好的人。举个最简单的例子，如果要计算 25+26 等于多少，没有数感的人可能把它单纯当成一道数学题，列个竖式来计算。但如果有数感的人，可能会首先想到 25+25+1，最后得出结果 51。

这个过程并不是为了单纯追求拆解，让孩子的计算速度得到提升，更主要的目的是让孩子发现数字之间的联系，明白解同一道题目可以有很多种方法，在枯燥的解题过程中让孩子发现数学学习的乐趣。数学是一门讲究策略的学科，它更多地鼓励孩子用不同方法去解决同一个问题。

一般来说，3 岁前的孩子对数已有笼统的感知，他们能区分明显的多和少；3 ~ 5 岁的孩子在点数实物后能说出总数，并能按成人说出的数拿取相应数量的物体；5 岁以上的孩子才能认识到数不因实物的变化而改变，形成数的"守恒"。

心理学实验证明，孩子 5 岁之后才能脱离实物的支持，进行小数目的加减运算，并学会数 100 以内的数。一旦孩子发展到这个阶段，他们对数的运算就会变得简单，并且能实现真正意义上的理解。

将孩子的心智发展规律对应到数学学习上，我们不能单纯要求孩子会算多大数目的加减法、会做多少题目，而是要给孩子提供丰富的玩具和活动，帮助他们在玩中学，从而掌握生活中简单的数学知识，让孩子对数、量、图形的认识和理解能更加深入。数感是在孩子建立对数的观察和思考的基础之上才能产生的，要让孩子从生活中去获取数感。

首先，在日常生活中我们可以和孩子一起探讨有趣的数字。这些有趣的数字可以是具有特定模式的数列，像等差数列和等比数列是孩子比较容易掌握的。

例 题

人的生长和细菌的生长是两种不同的方式。人在成长较快的时期，平均一个月长高大约1厘米，这是一种等差的变化。而细菌则不同，它们采用分裂的方式，一段时间后数量变为原来的2倍，1个变2个，2个变4个，继续裂变下去，到了第10次，就变成了1024个，裂变到第27次就超过1亿个了！

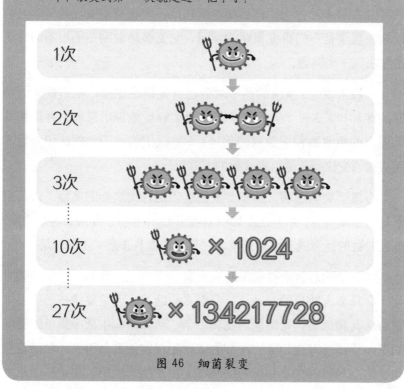

图 46 细菌裂变

我也会用这个数据向小朋友解释为什么平时要勤洗手，因为细菌如果一段时间不清除，数量就会呈指数级增长！将有趣的数字融入日常生活中，这比简单的说教更有效。孩子在掌握了数学知识的同时，也变得更讲卫生了。

还有一些数字和我们的日常生活相关，其中还有一些特别有趣的故事。

邓巴数字——150 定律（Rule of 150），由英国牛津大学的人类学家罗宾·邓巴（Robin Dunbar）在 20 世纪 90 年代提出。该定律根据猿猴的智力与社交网络推断出，人类智力允许自身拥有稳定社交网络的人数是 148 人，四舍五入后是 150 人。

150 人是我们拥有的、与自己有私人关系的朋友数量。也就是说，我们可能拥有 150 名好友，甚至有更多存在于社交网站上的"好友"，但只能维持与现实生活中大约 150 个人的"内部圈子"。"内部圈子"好友在此理论中指一年至少联系一次的人。

"150 定律"还告诉我们，每一个人身后大致有 150 名亲朋好友。如果赢得了一个人的好感，就意味着赢得了他身后 150 个人的好感；反之，如果得罪了一个人，也就意味着得罪了 150 个人。

7 定律，是一种和 7 有关的规律性现象。如一个事物被提及 7 次，这个事物就会在人的脑海里形成长期记忆。著名的心理学家乔治·米勒（George Miller）发现，人们的短暂记忆或长期记忆都和数字"7"有关。如果一下子告诉我们 10 个人的名字，让我们在短时间内写出来，我们一般只能写出 7 个。这是 7 和短暂记忆之间的一种关系。

英国《每日邮报》2013 年 2 月报道，英国某网站将男女从恋爱到建立长期感情的过程量化，中间需吃 22 顿饭、共度 2 次假期、花 3000 英镑（约合人民币 2.7 万元）买礼物，最后再大吵 7 次方可修成正果。这个有趣的现象告诉我们，一旦一个事物被不断提及 7 次，我们的大脑就能长期记忆下来。这些例子都表明 7 和长期记忆有关系。

再来看看数字"0"。在今天看来，"0"再普通不过了，但是人们却花了好几百年的时间才意识到它的存在，这是数学史上的里程碑。美国科学记者查尔斯·塞弗所写的《神奇的数字零》这本书里提道，在数学里只要从"0"出发，我们就可以对宇宙间的所有观点予以证明，不管这些观点是正确的还是无理的。"0"是人类构想的各类概念中最为奇妙的一个，因此也是最为危险的一个。

《神奇的数字零》这本书里的一个经典案例是"丘吉尔＝胡萝卜"的数学证明。完全不相关的两个事物，在充满"0"的世界里，居然可以产生"相等"的逻辑。这道题的整个证明过程很复杂，在这里就不具体罗列了，但是它传递出"0"这个数字的神奇之处。

图 47　丘吉尔＝胡萝卜

"2"是一个很好的数字，强大的计算机就是通过二进制的原理来工作的。生活中很多问题都是一分为二的，好的坏的，男的女的，亮的暗的，冷的热的。二元的世界非常明确，却也最容易让人产生选择困难。因为不论选择哪个，看上去都失去的一样多。

"3"是个很稳定的数字。我们常说"三足鼎立""三权制衡"，图形中的三角形具有稳定性。有趣的研究数据表明，三个选项摆在面前时，人们做出的选择最果断、最不容易动摇，即使这份坚持并不那么可靠。

例 题

关于"3"这个数字，还有一个有趣的"羊车门"问题。

假设你在进行一个游戏节目。有三扇门供你选择：一扇门后面是一辆轿车，另两扇门后面都是一只山羊。你的目的当然是想得到比较值钱的轿车，但你并不能看到门后面的真实情况。主持人先让你做第一次选择。在你选择了一扇门后，知道另外两扇门后面是什么的主持人打开了其中一扇门给你看，那里有一只山羊。现在主持人告诉你，你还有一次选择的机会。那么，你是坚持第一次的选择不变，还是改变第一次的选择才更有可能得到轿车？

图 48 "羊车门"问题

虽然大多数参与者都选择"坚持己见"，但是数学知识告诉我们，如果选择换一扇门，中奖概率会翻倍。因为如果坚持原来的选择，得到车的概率是 1/3。如果选择换一扇门呢？因为已经去掉了一个羊的选项，那么原来选错的肯定换一次就对了，而原来选对的必定换成错的。因此，换一扇门后选对的概率变为 2/3。

其次，我们应该让孩子发现更多数学在日常生活中的应用。关于这方面的引导，在之前的章节中也提及多次。比如，我们带孩子去商店购物，买一个价值99元的货品，孩子会自然递给收银员100元，然后收银员找回1元，这个过程几乎不需要计算。这是因为孩子之前看过大人在购物时是这么做的，是一种潜移默化的影响。所以，这种数感的培养需要在生活中不断强化。

当我们对数有一定的认知以后，将数感运用到实际生活中就成了一件自然而然的事。比如，利用电影院里或高铁上的座椅号和孩子进行数感培养的探讨。

有的电影院中的座椅号是奇偶分开的，单号在左，双号在右。大家在昏暗的环境中更容易凭感觉找到自己的位置。实际上，这也是二分法的思路，按照人们熟悉的规律分为两组，筛选的效率就大大增加了。

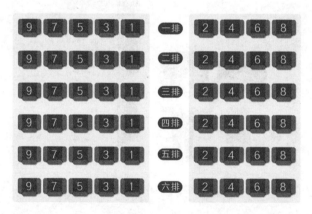

图 49　座椅排号问题

在小学阶段，拉开孩子数学成绩的往往是数感。数感可以让孩子建立起对数学思维的一种比较好的灵感，找到数字与数字之间的关联，发现数学背后的逻辑规律。

第三节

魔方：训练空间思维

魔方是由匈牙利布达佩斯建筑学院的鲁比克教授发明的，最初的目的是用来锻炼学生的空间想象能力。经过数十年的发展演变，魔方有了更多的变形和玩法。

20世纪80年代，世界上第一个魔方协会在美国成立。从此以后，与魔方相关的书和比赛陆续开始推出。据估计，世界上五分之一的人都在玩魔方或研究魔方。到目前为止，全世界售出了数亿只魔方，魔方已经成为全球最流行的玩具之一。

魔方作为一款教具，从幼儿园到小学四、五年级都能发挥不小的作用。美国的教育中有一套州共同核心课程标准（Common Core State Standards Initiative），其中定义了各个年级的学生在学校需要掌握的数学内容，这其中就涉及魔方。

数数

拿着魔方让孩子数，然后问孩子：魔方有几个面？这个面有几种颜色？每个面有几个方块？再难一点的话，可以问，魔方一共由几个方块组成？一共有几个方块是蓝色？整个魔方共有几种颜色？

这个数数字的方式简单直接，适合1岁以上的孩子玩。

加减法

用魔方来做加减法真是再适合不过了。比如,一个面有 2 个白色方块,转动一下,又多出了 2 个白色方块,现在共有几个白色方块?再比如,这个面有 9 个红色方块,转动一下,消失了 3 个红色方块,还剩下几个呢?如果孩子对于简单的加法能够理解,玩法可以再复杂一点,连续转两次甚至三次,让孩子算算最后的总数是多少。

这就是简单加减法的训练,适合 3 岁以上的孩子玩。

测量

测量魔方的长度是多少,宽度是多少,高度是多少,每个格子的长、宽、高又各是多少。简单点的话,可以用格子作为单位来量度;如果想复杂点,可以拿出尺子,让孩子学习用尺子来衡量。

这是简单的测量训练,适合 4 岁以上的孩子玩。

几何

教孩子分清什么是二维,什么是三维。用魔方演示什么是上面、下面、左边、右边、前面、后面。再深一点的话,可以演示什么是平面对角线,什么是立体对角线,还可以教什么是垂直,什么是水平。再难一点,可以问孩子,如果某个面顺时针旋转 90°,那么其中的某个方块会跑到什么位置?如果逆时针旋转 90° 的话又会怎样?如果旋转 180°、270°,又会是什么样的?

用魔方来教几何,可以充分培养孩子的空间想象力,适合 4 岁以上的孩子玩。

乘除法

普通的三阶魔方有 3 层，如果每层有 2 个红色方块，那么总共有几个红色方块？结果是 3×2。如果底层没有红色方块，上面 2 层每层有 3 个红色方块，共有几个红色方块？结果就是 2×3。每个方块是 2 厘米，每层有 3 个方块，那么每层有多长呢？再难一点，如果长是 3 个方块，宽是 3 个方块，高是 3 个方块，堆起来总共是几个方块呢？

通过类似的问题，可以训练孩子的乘除运算能力，适合 7 岁以上的孩子玩。

根据我自己玩魔方和把魔方用于教学实践的心得体验，可以把玩魔方分为两个阶段。

第一阶段在 9 岁之前，这个阶段让孩子玩魔方的主要目的是明白魔方的规则。对于这个阶段的孩子来说，要还原魔方还是比较困难的，不必强求孩子去进行系统性的学习，应以探索和尝试为主。

探索的目标可以有所简化：魔方一共有 6 个面，可以先把一个面的颜色拼全，或者鼓励孩子尽量在一个面上凑齐更多同一颜色的块，6 块或者 7 块都可以。在这个过程中，孩子可以感知物体转动过程中的相互关系。

我小时候玩魔方时，一个面只能凑到六七块相同颜色的方块，但我对块的上下转动能带来什么样的结果有较深的感知，这就是空间思维的最初启蒙。类似的训练还有，把一个纸盒拆了再拼装起来，或把变形金刚进行变形。对于空间思维的启蒙，可以让孩子感知物体的平移、旋转、翻转等会对物体造成什么影响。

第二阶段是在 9 岁以后，当孩子能理解魔方原理，初步接受魔方有多少个角、多少条边、多少个面后，就可以真正接触魔方的还原解法了。

　　我们可以让孩子使用公式复原魔方。复原魔方的过程就好像解题的过程，需要熟练地运用固定的公式，遵循一定的基本原则去操作。

　　魔方公式可以通过专业的老师学习，也可以通过网上查询自学。在用公式复原魔方的过程中，可以让孩子的三维空间概念完全建立起来。知道三维空间和平面的区别，能区分清楚前后、左右、上下，就能够理解顺时针和逆时针的基本概念。魔方中的顺时针和逆时针旋转与空间思维有紧密的联系，因为魔方的右边顺时针扭动和左边顺时针扭动不是一个方向。魔方不同的旋转变化还是很多的。

　　一般情况下，孩子一开始玩魔方，永远只会看到一个面。但如果要还原魔方，就必须同时看六个面。这个过程就是一个从二维空间到三维空间的升级过程。用魔方训练孩子对空间思维的认知，效果会很好。

　　为什么很多大孩子依然痴迷玩魔方？这是因为魔方公式是不断扩展的。孩子在新手阶段，可能只掌握了 8 ～ 15 个公式，但随着水平不断提升，就可以掌握 80 ～ 150 个公式。当公式记得越来越多的时候，孩子可以用不同的公式去应对各种情况，逻辑思维也得到了训练。玩魔方进入高级阶段后，孩子在快速复原魔方的过程中，一次操作需要同时调换两个角或者两条边，需要将两条角或两条边的公式组合使用，这个时候就很考验孩子的逻辑思维能力了。

最少6个公式就可以搞定

图 50　魔方还原

需要熟记11个公式，快速还原魔方

图 51　魔方快速还原

　　我们常见的魔方是三阶的，但魔方也有二阶的，是 $2 \times 2 \times 2$ 的立方体结构，这是所有魔方中最简单的。如果孩子玩魔方刚入门，建议可以从二阶魔方开始，因为二阶的玩法和三阶有很多相同之处，公式也是可以相互套用的，但二阶魔方玩起来更简单，孩子的成就感会高很多，有助于培养孩子玩魔方的兴趣。

第四节

数独：提升多维度的逻辑思维

数独很早就有了，是一种源自 18 世纪瑞士的数学游戏，后来慢慢成为大人和孩子都热衷的项目，甚至还出现了专业性的国际赛事。

数独是一种纯逻辑游戏，不需要计算。看起来一堆数字很难理解，其实对孩子并不算难。我在授课之余，还成了数独培训师，在培训过程中我发现，数独对孩子逻辑思维的提升有很大帮助。严密的逻辑推理是通过数独教给孩子的最核心的能力之一。

很多家长会和孩子一起玩逻辑类的游戏。他们在陪孩子玩的时候会发现，数独永远是最棒的逻辑游戏。

		9	2	1	8	7		
	5						8	
4								3
5		1				4		8
3								9
8		2				3		5
7			1	8	5			6
	4						1	
		6	9	4	7	5		

图 52　数独

先简单介绍一下数独（如上图所示）的游戏规则。它是一种方格形的谜题，一般是在9×9盘面上预先填上一些数字，解题者需要把剩下的格子填上1～9这几个数字，使得整个布局满足以下条件：

● 每一行中的数字不重复；

● 每一列中的数字不重复；

● 每一块（粗线画出来的3×3区域）中的数字不重复。

这个用黑粗线划分出的3×3的9个单元格，在中文里叫一个"宫"，从左上角开始叫第一宫，最后是第九宫。

数独与一般的数学游戏不同。

首先，每道数独题目往往有清晰的套路。我们在解一道数独题的时候，可以让孩子同时掌握5～10种不同的方法，比如排除法、区块法、唯一法等。

其次，在一个复杂的数独游戏盘面中，使用的方法不确定，解题的位置也不确定，数字仍然不确定。在这种诸多不确定中，可以锻炼孩子寻找突破口的能力。尝试用不同的方法、不同的逻辑，在不同的位置进行解题，先找到唯一的突破口，再进行后面的解题步骤。一道好的数独游戏题目就像一位老师，会对孩子循循善诱，在解决了第一个突破口后，第二个突破口同时也暴露出来，让孩子一步步去解决，直到最后全部解完。

数独看似是一种数字游戏，但它考验的并不是孩子的计算能力。完成一个数独游戏，用得最多的是排除法和剩余法，这两种方法是解决大多数逻辑问题的核心。就像电视剧或者小说中的警察探案，都会用到精妙的推理和设想，这些都是数独游戏逻辑推理的基本要素。

既然数独是一种纯逻辑游戏，那么每填一个数字就必须有理由。

如果孩子不知道自己为什么这么填，数独就等于白玩了。如果孩子在完成一个数独游戏后，不能有条理地把自己玩的思路表达出来，大人就需要帮他把思路整理出来，形成严密的逻辑推理。这个过程比单纯把盘面填完重要得多。

怎么给孩子选择数独游戏的教材或者课程呢？如果不是为了竞赛，数独游戏就像打乒乓球一样，可以让孩子学一些基础技术，作为一种基本练习，和朋友、同学之间进行技术切磋，不用上升到竞技层面。这时的选择可以多元化，如果喜欢简洁，可以选择六宫数独，或者初级难度的九宫数独。如果孩子对数独很喜欢，想在这个方面有所提升，可以选择高级难度的九宫数独或异形数独。

在这里，我要特别提醒一下，初学者一定要选择有过程和讲解的数独教材，不要选择那种只有答案的数独教材。数独的推理过程比较漫长，如果只有答案，孩子很可能看了也无从下手，只能照抄数字，这样并没有达到玩数独游戏的效果。

在玩数独时，家长还可以和孩子进行互动，开展合作比赛。家长可以在一开始给孩子做一些引导，剩下的尽量让孩子自己去探索。玩数独一定不要贪多，不要让孩子一下子把所有高阶的方法全部学习、了解，这样反而会对孩子做题造成困扰。

一般来说，数独玩得好的孩子，观察力相对也更好，视野更开阔。数独游戏在解题方法的选择上是非常宽泛的，一旦孩子在数独中建立了思维方法，再应用到数学中，特别是在解决一些难题的时候，孩子会主动综合考虑，筛选方法，进行套用。

第五节

建模：数学思维能力的综合应用

对于建模，大家会觉得比较陌生。数学建模和玩模型没有关系，这里说到的模型，是指数学模型。

数学建模就是运用数学语言和方法，通过抽象、简化，建立近似实际问题的数学模型，并求解出结果，解决实际问题。

因此，数学建模包含了模型准备、模型假设、模型构成、模型求解、模型评价、模型检验和模型应用几个阶段。通过这些阶段，数学建模完美实现了从现实对象到数学模型，再回到现实对象的循环。

模型准备→模型假设→模型构成→模型求解
↑   ↓
模型应用←模型检验←模型评价

图53　数学建模的几个阶段

数学建模的方法中，抽象思维应用得比较多，数学建模在国外比较常见，各种比赛也比较多，但在国内相对比较少。

数学建模是鼓励孩子在实践中完成一个独立的课题，尽可能发挥孩子的想象力，使用已经学过的数学知识进行综合应用解决问题。它是孩子数学思维能力综合应用的一种体现。

数学建模看起来比较抽象，其实在日常生活中的应用十分广泛。在小学阶段，数学中的排列组合相对而言是一个比较难的知识点。这个时候，我们如果将它设计成数学建模，并且应用到生活场景中，对孩子理解这个知识点是非常有帮助的。

例题

让孩子假设自己是一名快餐店的店长，现在主食有汉堡、三明治、面条；饮品有果汁、茶和可乐，按照主食加饮品的搭配，能排列组合出多少种套餐？

图 54　套餐搭配问题

在搭配套餐的过程中，可能有不同的情况：主食和饮品分别选择 1 个，主食必选 1 个，饮品可选 1 个或不选，主食可选任意个（至少 1 个），饮品至多选 1 个，等等。针对不同情况，让孩子分析最多可搭配出的套餐数量。在这个过程中，孩子会对计数原理形成较深的认识。

数学建模的思维训练适合团队合作，可以让孩子和同学一起，家长也可以和孩子一起做。不过，在孩子和成年人一起做数学建模时，一定要让孩子起主导作用。

下面给大家展示几种有趣的数学建模例子作为参考。

图 55a   图 55b

图 55c

图 55 数学建模思维训练

让孩子设计一款盈亏平衡的彩票抽奖系统（图 55a）。无论是彩票发行者还是购买者，收益的期望都是 0。这其中需要用到概率与统计的知识。

设计一款能够反复玩的迷宫游戏(图 55b)。迷宫由几个版图组成，改变版图的拼接方式，可以形成不同的迷宫。这个课题能让孩子同时提升空间能力和逻辑能力。

根据某区域的交通信息，设计一种新的公交系统发车方案（图 55c）。方案类的题目主要考查的是孩子的思维严谨性和创造力。

在日常教学中，我经常会设计一些数学建模的课程。接下来，我介绍一个在建模课上最受孩子们欢迎的密码游戏。

课程一开始，我会和孩子说一说密码的发展史以及相关的典故。西周姜子牙发明的"阴符"，是中国古代密码学的开端。它是古代帝王授予将军兵权和调动军队所用的凭证。

相传商纣王末年，姜太公辅佐周室，使周室由弱变强。有一次，周军指挥大营被商汤大军包围，情况危急。姜太公令信使突围，回朝搬兵。他怕信使遗忘机密，又怕周文王不认识信使，耽误军机大事，就将自己珍爱的鱼竿折成数节，每节长短不一，各代表一件军机，令信使牢记，不得外传。

信使几经周折回到朝中，周文王令左右将士将几节鱼竿合在一起，亲自检验。周文王辨认出这是姜太公的心爱之物，便亲率大军解了姜太公之危。事后，姜太公将鱼竿传信的办法加以改进，便发明了"阴符"。

周文王问太公："率领军队深入敌国境内，国君与主将想要集结兵力，根据敌情进行灵活的行动，谋求出其不意的胜利。但事情繁杂，用'阴符'难以说明问题，彼此相距又十分遥远，言语难通。这种情况应该怎么办？"

太公思忖后回答："所有密谋大计，都应当用'阴书'，而不用'阴符'。国君用'阴书'向主将传达指令，主将用'阴书'向国君请示问题，这种'阴书'都是一合而再离、三发而一知。所谓"一合而再离"，就是把一封书信分为三个部分；所谓"三发而一知"，就是派三个人送信，每人只送其中的一部分，相互参差，即使是送信的人也不知道书信的内容，这就叫'阴书'。这样，无论敌人怎样聪明，也不能识破己方的秘密。"

从"阴符"递进到"阴书","阴书"已具备现在密码学的雏形。到了宋代，又出现了"字验"：事先将军中重要的事情约定为40条，包括"请弓""请粮料""请添兵""被贼围""战不胜"之类，然后选旧诗40字（保证字不重复），依次配一条。战前临时进行编排，除了主将之外，其他人皆不明其义。即使传信牌纸条落入敌人手中，或递送传信牌的军士被俘和叛降，都不会泄露军情。"字验"已经与现在的密码学非常接近了。

当我把中国古代密码学的发展简史讲一遍后，孩子便对密码产生了浓厚的兴趣，然后我就顺势将密码建模游戏推出。

例 题

让孩子设计一个加密规则以及解密说明书，可以把任意4位数加密成8位数，并且让阅读解密说明书的人把加密后的8位数解密成原来的4位数，并且对保密强度做简单评估。

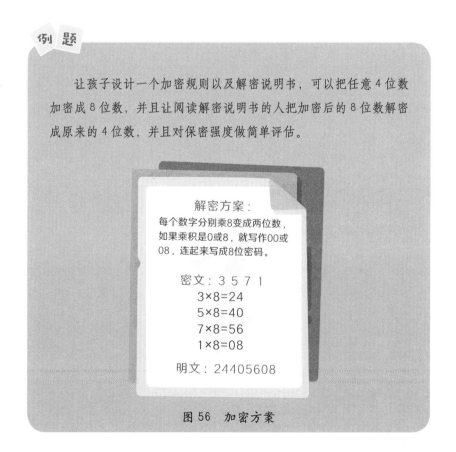

解密方案：
每个数字分别乘8变成两位数，如果乘积是0或8，就写作00或08，连起来写成8位密码。

密文：3 5 7 1
3×8=24
5×8=40
7×8=56
1×8=08

明文：24405608

图56 加密方案

很多家长为了培养孩子的数学建模思维，可能会选择给孩子报一些培训班。但我提醒大家，目前市场上好的数学建模课特别少，选择的时候要慎重一些。

第六节

电子游戏：提升孩子的数学学习兴趣

很多家长都和我反馈："孩子玩电子游戏的时间大大超越了学数学的时间，这该怎么办？"

对此，我给出的建议是，从本质上说，孩子喜欢玩电子游戏不算坏事，游戏只是孩子消遣和娱乐的一种方式。玩游戏就和下棋、打牌一样，适度玩一玩是有利于智力开发的。如果对孩子玩电子游戏这件事能很好地加以引导，给孩子推荐一些蕴含数学思维的游戏，游戏设计的新颖感会让孩子对数学学习产生很大的兴趣。

任何一个和数学相关的电子游戏，只要认真玩，都能玩出一些名堂来，并且很多这类游戏的设计师就是数学家。

俄罗斯方块这款经典游戏，一直以来广受欢迎。它的玩法比较简单，但成就感很强。这款游戏是由俄罗斯计算机科学家帕基特诺夫设计的，他是从拼图游戏中获得的灵感。方块的不同变形，可以考查孩子的图形拼接能力以及归整的思维方法，能够很好地锻炼孩子的空间思维能力。

数字华容道可以训练统筹规划和手脑协调能力，层叠消融能够训练空间能力，数织可以训练逻辑推理能力。这三种题目是《最强大脑》节目上出现过的经典题目。还有很多益智类小游戏，能够训练空间感和记忆力，以及数形结合等思维方法。

图 57　三款电子游戏

　　美国天普大学数字学习研究员沙皮洛，长期关注流行文化、科技、哲学及心理学的发展与互动，曾在《福布斯》杂志网站上发表过一篇题为《用电玩学会代数，只需 42 分钟》的文章，其中提到一场由华盛顿大学参与赞助的"华盛顿州代数挑战赛"。4192 名中小学生使用一款"神算宝盒"游戏应用程序，在 5 天内解开 39 万多个方程式，等同于 6 个月 28 天的代数练习。而且更惊人的是，玩一个半小时以上的挑战者，有 92.9% 达到精练程度；玩 45 分钟的，也有 73.4% 达到精湛程度。平均下来，只要 42 分钟就可以让学生学到精湛程度的代数技巧。

　　这个游戏的设计者是一位来自挪威的数学老师。他说，这款游戏的设计动机就是制造一个让任何年龄段的孩子都可以学习的工具。他认为，"教"人学东西是不太有成效的，反之，邀请有准备而且有动机的人学习，却是非常有成效的事，因为学习动机才是学习的关键。

　　很多孩子都从游戏中获得过学习的灵感。比如，喜欢玩密室逃脱游戏的孩子，往往逻辑推理能力比较强。这说明迎合兴趣的教学方法是非常可取的。

针对小学高年级的数学应用题，有一种工程问题，经常用车床加工零件来描述题面。这件事情对于孩子来说太过遥远了，他们不会感兴趣，不利于孩子去解题和理解题义。这时，如果改用热门的《王者荣耀》游戏场景去和孩子讲解工程类的数学应用题，孩子出于对游戏的天然兴趣，就很容易理解题意，并且做出正确的解答。

例 题

> 　　本来一道题可能是这样描述的：王师傅和徒弟用车床加工一批零件，师父单独加工要 4 小时，徒弟单独加工要 12 小时，问师徒同时加工要多久。
>
> 　　经过加工，可以把上述题目变成：亚瑟王和阿狸准备拆除敌方防御塔。亚瑟王单独拆塔只要 4 秒，阿狸单独拆塔要 12 秒，问两位英雄协力拆除一座防御塔要多久。
>
> 　　先引起孩子兴趣，再合理设计技巧，假设防御塔有 12 格血量，分别计算两人的工作效率即可。

第七节

好老师：挖掘孩子的数学潜能

好老师对于学习数学有多重要？先说一说我朋友的故事。我的这位朋友是一位女孩，在她高考第一年的时候，数学勉强考了 100 分多一点，让她与自己梦想的重点大学失之交臂。后来她狠心复读了一年。在这一年中，她很幸运地遇到了一位优秀的数学老师，最后高考数学考了 145 分，让她成功考进了理想的重点大学。

孩子在学习数学的过程中，能遇到一位好老师真的非常重要。好的老师能挖掘出孩子数学思维各方面的潜能。作为教育者，我们怎么才能成为一位好的数学老师呢？

首先，作为数学老师，首先要找准自己的定位。比如，我朋友遇到的那位高考复读班的数学老师，他的目的是教学生做对更多的题，以及如何更高效地做题，达到应试考高分的主要目标。而像我这样的小学数学老师，则需要帮孩子培养起学习数学的兴趣，培养他们良好的学习习惯，教给他们正确的学习方法。

我经常会思考这样一个问题：孩子为什么喜欢上我的数学课？其实并不是因为我数学教得有多么好，也不是因为我数学方面有多么厉害，最重要的是因为我是孩子心目中的"数学明星"。很多时候我会觉得，老师的人格魅力对孩子的影响特别大。

自从我在 2018 年参加了《最强大脑》这档节目后，孩子在上我的课的时候，积极性明显不一样了。其实我还是那个我，备课时间和讲课内容还是和以前一样。为什么会发生这种转变？因为孩子对我这个老师有了好奇心和兴趣，他们想看看电视里出现的老师走到讲台上讲课是什么样的。这件事对孩子有足够的新鲜感和吸引力，并且还预埋了一个暗示——"老师很厉害"，可以在全国大型比赛中获得"全球脑王"的称号。孩子觉得我很酷，跟着我学习肯定会更有收获。当孩子对我有了这些印象之后，他们也会觉得我的课教得很有意思，彼此之间建立了一种非常好的师生互动的正向反馈。

在目前的教育环境中，老师不能成为一个只会出声的电子书，而应该是一个教育者。对老师而言，教学的学术水平足够，但讲课不吸引人也是不行的。"每节课少讲一些有用的东西，多讲一些有意思的事情。"这是我刚入职时一个前辈教我的，我一直觉得这句话特别有道理。它提醒老师要少向孩子传递一些填鸭式的知识灌输，而应该给予孩子有趣的启发引导，引发孩子的思考，挖掘出孩子数学思维的多方潜能。

记得著名数学家苏步青曾说过，学数学最关键的是培养数学思维，但这种思维不是用灌输的方法教出来的。他认为兴趣是最好的老师，怎么让孩子对学科产生兴趣，应用幽默很重要。他常常一上台就对学生幽默地说："我的名字叫苏步青，所以我的学生'数不清'呀！"一堂有趣的数学课就这么开始了。

其次，作为数学老师，必须喜欢、热爱数学。曾经有一位家长向我反馈，他儿子上了小学四年级后，换了一位新的数学老师，班里很多孩子的数学成绩都直线下降。据孩子反馈，这位数学老师每次上课的时候总是查手机，即便是一些很简单的计算题，也需要用计算器进行计算。他给孩子的印象就是上课敷衍，孩子感觉老师一点儿都不喜欢数学，与之前的数学老师有天壤之别，让他们完全没有了听课的兴趣。

老师不光给孩子传授知识，对孩子的影响也是多维的。一位老师给孩子上课久了，可能孩子说话的习惯会不知不觉模仿老师，就连看待问题的方式和逻辑也会和老师越来越像。

我在课堂上会经常向孩子展示自己对数学的热爱和对数学的独到见解。我做每一件事都会为这个目的做铺垫，好让孩子潜移默化地接受、喜爱数学，让自己成为孩子真正意义上的"灵魂导师"。

比如，我会有目标地教给孩子一些新的解题方法。这些方法在他们的日常学习中是用不到的，并不是应试解题的必需品。但我仍会教给他们，因为我想让孩子在数学学习中更立体、全方位地建立起兴趣和信心。

最后，好的小学数学老师，应该成为孩子喜欢和追捧的对象。即使不爱学习数学的孩子，也会因为上了好老师的数学课，从此爱上数学。

我教过一位叫叶子的女孩，她一开始对数学学习很没信心，在班里的数学成绩不拔尖儿，她也不受老师的重视。但跟我学习了一个学期后，第二个学期刚开学，她妈妈就很兴奋地跑来告诉我，孩子用了我教给她的数学解题方法，在课堂上"秒杀"了老师教的方法，不仅被老师表扬了，也被同学刮目相看。自此以后，她对数学学习的热情和兴趣一路高涨，成绩自然提升了不少。

还有一位叫竹子的女孩，自从上了我的课以后，对数学学习的兴趣增加了很多。她对每周上我的数学课都特别期待，做题也很主动。竹子妈妈告诉我，没上我的课之前，她报了一个别的培训机构的数学课，上了差不多一年多的时间，但那时竹子对数学培训有些抵触，解题也特别被动。

我后来了解到，竹子以前在外面的培训机构上的数学课每次是

3 小时。考虑到时间太长，结合她的实际情况，我把每节课压缩到一个多小时。在课堂上，我尽量用一些高效的、让孩子容易接受的方式去讲。

"现在竹子做题很主动，遇到不会做的题目也不会像以前那样抱怨了，愿意花时间和精力去钻研题目。这方面表现得特别明显，做题速度也比以前快很多。在课上学习的数学方法，她很轻松、愉快地吸收了。平时和我们交流，她也更愿意动脑子想一些问题。"在竹子跟着我上了一年课以后，竹子妈妈有一天很激动地和我说了这番话。

还有一位叫吉吉的男孩，每次上课，他爸爸都会陪着来。差不多上了三四次课后，我和他爸爸做了一次交流，问吉吉是否适应我的教学方式。没想到他爸爸对我说："我一直观察吉吉在课堂上的表现，他发言积极踊跃，遇到不懂的问题能够及时提问，这是他以前上别的课外班不能做到的。孩子喜欢你的课堂氛围，你的课很吸引孩子。上课的过程中，孩子的专注力保持得很好。"

接连被几位家长夸，我非常开心，感觉自己的付出得到了最好的回报。

第八节

好父母：提升数学思维的助手

先给大家出一道有趣的选择题。

现在我们要穿越一片大沙漠，有两种方案可以选择：一种是只有一辆价值 4000 万元的豪车，没有别的装备；另一种是有一辆非常普通的车子，但在驾驶过程中，每过一段时间就会出现加油站、维修站和补给站。

要成功并且比较容易穿越这片大沙漠，你会选择哪种方案？我会选择第二种。虽然第二种方案里的车子很普通，但是在穿越大沙漠的过程中，一路上都可以寻求帮助。当我遇到困难或者筋疲力尽的时候，加油站、维修站和补给站会源源不断地给我动力，让我有足够的信念，在痛并快乐中完成这场沙漠大穿越。

如果选择了第一种方案，在出发前我能不能预估到穿越过程中的所有困难，从而做好充分的准备呢？即便有 4000 万元的豪车，我也难以保证它在中途不会出现问题。在这场穿越大沙漠的路途中，我无法预估会遇到什么样的困难，以及遇到困难后是否有人会帮助、支持我。虽然给了我很豪华的装备，但我依然孤立无援，完全没有信心完成这场沙漠大穿越。

假如把孩子的数学学习比喻成一场沙漠大穿越，我期待所有的家长都能给孩子提供第二种方案中的配备。一路上给予孩子加油、维修和补给的多重保障，让他在学习数学的过程中保持能量充足，让他对于学习数学的兴趣从开始到最后都能保持一个良好的状态。

我接触到的一些家长会走偏，忽视孩子学习数学的兴趣，认为数学重在学，与孩子是否喜欢没有关系。如何让孩子一直保持学习数学的兴趣，家长的支持非常关键。

2015 年美国科学促进会出版的《科学》杂志发表了一项研究结果，科学家让家长在孩子睡觉前不是读故事而是讨论数学问题，不用每天都做，一周保证两次就行。结果发现，坚持一学年后，这些孩子的数学技能比其他孩子平均领先 3 个月。专家认为，这些孩子的数学能力之所以提高，除了因为讨论数学问题本身之外，父母对他们学习数学的支持和互动也起到了非常重要的作用。

另外，父母是孩子的第一任老师，对孩子有一种天然的第一吸引力，父母的人格魅力对孩子的影响也会特别大。

比如，我接触到一些家长，他们因为自己小时候学习数学有过不开心的经验，就把数学跟负面情绪联系起来，容易产生焦虑感，并且把这种焦虑感不经意地传递给孩子，结果影响到孩子的数学学习。

美国芝加哥大学的一项研究表明，如果父母对数学感到焦虑，这种情绪会传染给孩子，继而影响孩子的数学成绩。如果父母表现出对数学能力的赞赏，能把数学和日常生活相结合，愿意和孩子一起来玩数学，把数学做得"营养又好吃"，孩子就会像喜欢美食一样喜欢数学。

当然，家长也不要给自己太大压力。孩子要学好数学，并不要求家长有多高的数学学术水平。孩子平时的作业和考试难度会有变化，但是它的内涵和学校讲解的知识体系是匹配的，不需要家长进行额外的辅导。有时家长不正确的引导，反而会带给孩子学习数学知识上的误区，容易使孩子混淆。

我常常劝那些对辅导功课像打了鸡血一样的家长，辅导知识的事情就交给专业的数学老师做吧，家长要做的是家庭式氛围的陪伴辅助。比如，给孩子营造一个好的学习氛围和环境，让孩子在学习之余吃好、休息好。不要在孩子学习的时候看电视、打麻将或玩手机，这些会对孩子有非常不好的影响。

如果家长因为工作很忙，确实不能做到陪伴学习，那么可以很坦率地告诉孩子自己平时在做什么，在忙什么。孩子了解到父母如此努力、勤奋地工作，父母这种以身作则的态度会促使孩子对自己的学习更努力。

我小时候，爸妈工作也很忙，我经常住在姥姥家。姥姥是一位语文老师，她经常教我认字、背诗；姥爷是工程师，经常会找一些有趣的数学问题来考我，我们俩会一起研究一些数学游戏或者数学小创意。从小，姥姥和姥爷给我创造了一个很好的学习氛围，现在回想起来，这些经历让我受益匪浅。

上中学后，我妈妈一直在备考会计师，她一直和我一起学习、考试。在我参加中考那一年，我妈妈拿到了中级会计师；我考上大学的那一年，她拿到了高级会计师。这一路上，我一直觉得妈妈和我在一起努力奋斗。这比起很多家长对孩子事无巨细的监督，效果会更好。

无论是姥姥姥爷，还是爸爸妈妈，为了给我营造更好的学习氛围，给我的数学学习提供更有益的帮助，他们日常都会特别留意一些可以进行数学学习的资料。比如，他们会将报纸和杂志上的一些小思考题剪下来给我看，让我开拓思维。

我在教学中碰到过这样的家长，他们不在口头上说要求孩子考多少分，或者要求孩子每天学多长时间，而是在平常的生活中对孩子的学习情况予以关注。比如我前面提到的学生吉吉，他妈妈会定期和我沟通吉吉的学习进展，和我反馈最近一段时间吉吉在数学学习中遇到的一些问题，让我在日常教学中注重引导。

吉吉妈做得非常好，对孩子的学习情况了解得非常清楚，还能配合老师进行教学方案的改进。

在孩子的学习过程中，真正好的父母和好的环境，给孩子带来的学习结果是正向、积极的。我之前教过的学生中，有一些考上了人大附中早培班，除了与我的教学方式有关，也离不开父母在日常学习中对孩子很好的关注和支持。

好父母是孩子提升数学思维的助手。家长要做好助手这一角色，给孩子的数学学习提供更多有益的帮助。

第五章

数学老师的学习绝招

第一节

数学成绩是"睡"出来的

在开始讨论这个主题之前，我想和大家强调一个观点：老师自己教授绝招的前提，是喜欢数学。

自从成为一名小学数学老师之后，我之所以在数学教学领域不断摸索，在数学教研体系中不断创新，均是源于我对数学的热爱。

因此，当我们和孩子讨论一些数学学习绝招和实际可操作的具体方式、方法时，千万别忘了让孩子始终保持热爱数学的信念。

数学成绩是"睡"出来的，当敲下这个章节标题时，我认为在今天这样的环境氛围中，和大家做这样的分享太有必要了。

在目前的学习环境或者在我们的朋友圈里，几乎每天都会有家长吐槽陪孩子写作业太累心了，有一种分分钟被逼疯的节奏：一下午和整晚上都在陪娃写作业，还没做完！

大家都在感叹陪孩子写作业有多难，但作为老师，我觉得每天学习到晚上十一二点的孩子更难！

在教育部印发的《义务教育学校管理标准》中规定："家校配合保证每天小学生 10 小时、初中生 9 小时睡眠时间。"可是现在的孩子大部分都不达标。

据中国青少年研究中心披露，近八成中小学生睡眠不足。孩子睡眠不足的直接后果不仅是体质下降、肥胖、近视率急剧攀升，而且还会降低记忆力。

德国科学家曾邀请多名志愿者参与一项实验，其中部分志愿者被要求一整天不睡觉，或者每天睡眠时间不得超过 5 小时。研究结果显示，这部分志愿者在回忆某一确凿事件的细节上不如睡眠充足的志愿者。

对孩子来说，上床睡觉的最佳时间应该固定在晚上 9 点到 10 点之间。小学生最好 9 点之前上床睡觉，中学生可以稍微推后到 10 点。

回顾我的学习生涯，发现我是严格按照睡眠的最佳时间作息的。上学时期，我属于体质比较差的孩子，妈妈会特别关注我的休息时间。上小学的时候，我一般每天晚上 9 点就睡了；到了初中，一般在晚上 10 点之前休息。在整个学生时代，我睡眠充足，听课效率高，做作业的效率也非常高。在数学课堂上，我基本可以把老师讲的知识点都理解并且记住；写作业的时候，基本不需要花时间去思考，可以轻松完成作业。我的高中班主任对我的评价就是："课上听讲精力集中，学习效率高。"

那时，我身边平时学到凌晨的同学比比皆是。我发现，那些平时学到凌晨的同学，第二天来上课的时候会非常困，有的干脆直接在课堂上打起瞌睡。还有一些同学虽然没有打瞌睡，但显得很疲惫，特别是困意袭来的时候，基本上没办法全神贯注地听课。

我一直认为，学生的学习中课堂学习占据很主要的地位。晚上睡眠充足，白天不犯困，才有可能集中精力听课。如果晚上睡眠不充足，上课困得不行，白天听课效率不高，会留下一些知识漏洞，在晚上复习或写作业时就会表现出来，继而导致做作业需要花很长时间，无法早睡，又影响第二天的学习，形成恶性循环。如此下去，每天都没有得到很好的休息，只是在增加学科的知识漏洞，导致学习效率非常低。

在学习数学这件事上，我一直以来都倡导一种非常高效的学习方式，除了让孩子养成做作业时的高效，也需要保证孩子拥有充分的睡眠时间。

怎么改变睡眠不足这种状况？我的建议是利用一个假期或者周末的时间，做出一些合理的调整，规定孩子最晚必须在几点前完成作业，然后按时上床睡觉，让孩子养成良好的作息规律。特别是现在，很多孩子完成作业后，还喜欢看看电视或者玩手机，一拖延就导致睡得更晚了。这是非常不好的习惯，家长要帮助孩子养成良好的作息规律。

一谈到孩子的数学成绩不好，很多家长首先会考虑孩子的智商或者学习数学的天赋等因素，但其实首先要考虑的不是这些"硬件"问题，而是孩子是不是睡好了，有没有一个很好的学习和作息习惯。

第二节

为什么课上听懂了，却不会做题

为什么很多孩子课上听懂了，还是不会做题？这种情况其实是正常的。首先，上课听懂了只是表明孩子理解了老师讲述题目的思路，属于比较低的层次。课后做题，需要孩子用老师讲解的方法，结合自己的思路去解决问题。这是对知识的运用，属于高级层次。

特别是有些孩子在听课的时候浅尝辄止，听懂了老师的部分讲解，就认为全都会了。比如，一个例题老师讲了三种解法，孩子可能只听懂了一种，就不再听其他解法了。

再者，从记忆和遗忘的规律来说，无论多么聪明的人，总会有遗忘。孩子上课时掌握的思路和方法，到了晚上会遗忘一部分。有时遗忘的正是一个关键的知识点，会导致整个题目的解答思路被卡住。

最后，与别的学科不一样，数学从听懂到会做之间，包含着一个很长的思维链路。一方面，理解老师讲解的知识有一个思维链路：知道→理解→记住→会用→推广解题；另一方面，会做题也有一个比较长的思维链路：会做一道题→会做一类题→灵活运用和创新。

上课听懂和不会做题，二者之间并不矛盾，不要把做题看成简单完成课后任务，应该看成第二次学习和提升，相当于重新回顾课上的内容。

怎么解决这个问题？

第一，尽量保持热度和高效。如果孩子一周只有一两次数学培训课，尽量让孩子在课程结束的当天去完成作业。上午结束的课，中午试着做一下对应的习题，在遗忘比较少的时候先进行一次回顾，有助于记住更多的知识点。

第二，上课的时候老师讲过例题，并且也让孩子做过练习题，课后如果做题再遇到困难，可以让孩子模仿老师讲课时的过程，给家长做一次讲解。讲解一下题目的知识点包含哪些，每个步骤为什么这样做。讲解的过程就是能力提升的过程。

从听懂老师的思路，变成孩子说出自己的思路，在模仿老师讲解的过程中提升了自己。一旦孩子掌握了这个方法，就可以经常使用。刚解完的新题，除了讲给自己听，也可以讲给父母听。如果孩子具备这样的讲解思路，带着这样的思路去解决新的问题，相对会容易一些。

我会让孩子回家对着摄像头讲解一道课上学过的例题。一开始，孩子只能照本宣科，把解题步骤读一遍。慢慢地，他们会模仿我上课的样子，在关键的地方强调一遍知识点，甚至模仿我的口吻调侃题目的难点和易错点。再后来，有的孩子就有了自己的设计，不光把题讲完，还能补充一个相关的小故事或者小常识，往往还很贴切。这个过程能明显看出，孩子把知识点理解透了。

我印象最深的，是一个孩子讲解路线问题。他讲了三国华容道的故事，煞有介事地用计数原理分析曹操的逃生路线有几条，还扇着扇子自称小诸葛，可爱极了。

我在课堂教学中一直鼓励孩子去做这样的讲解。这其实就像语文老师为什么会让孩子回家背诵课文给家长听，然后让家长签字一样，都是用一种简单讲解的方式来回顾知识，加深孩子对知识的理解与记忆。

第三节

3分钟课前预习绝招

"预先自学将要听讲的功课"，这是《现代汉语词典》里对预习的定义。《新课程标准》中也一直强调课前预习的作用，认为预习是学习个体一种独立的探索活动，课前预习能锻炼学生发现问题、探索问题以及解决问题等能力。

在"新课标"理念背景下，预习不再是单纯为掌握知识和技能而设置的学习活动，而是为了让每一个孩子学习的能力发展得更好。

课前预习对孩子学习数学到底有哪些帮助？第一，预习能提高孩子学习数学的主动性和积极性，变被动灌输为主动索取；第二，对即将要学的一些知识点有了解和印象，大概掌握即将要学的重点，能提高孩子的听课效率；第三，独自进行课前预习，有助于培养孩子独立思考的能力；第四，通过预习先将一些简单易懂、自己有兴趣的内容进行内化，有了一定的知识准备和发现问题的能力，能激发孩子对数学学习的兴趣。

比如，有时一个知识点老师之前讲过，总结出一个泛用的公式，在以后做题时可以直接用，但孩子很容易忘记公式。因此，每次用这个公式之前，我会在预习小视频里告诉孩子提前把这个公式再读一遍、记下来。凡是做过预习的孩子，上课的时候都能直接过关；凡是没有记住公式的，都是没有进行预习的，他们要么回去翻书查找，要么用笨方法画示意图重新推导一遍。无论哪种方法，都很花时间，影响解题过程，导致数学学习效率不高。

虽然预习有这么多好处，但是很多孩子都挺害怕预习这件事的，原因是什么？

第一，预习的内容是新的知识点，人们对于新的东西总有一种天然的惧怕。第二，对于很多理解接受能力弱的孩子来说，预习要花很长时间仔细琢磨新的知识点。在完成作业的同时，还要做预习，不仅会感觉很有压力，而且时间成本也很高。第三，孩子总觉得这些知识点或者题目老师下节课就会讲解分析，到那时再认真听就可以了，完全没必要花时间在预习上。其实就像上一节提到的，对于数学知识点来说，课上听懂不代表一定会做题，也不代表真正理解这些知识点。课前预习会加快我们对知识点的理解，能给做题带来帮助。

对于孩子害怕预习这件事，我们应该尽量减少孩子对预习的害怕心理。结合数学学科的特色，我总结了两种预习法，从节省时间和精力的角度出发，尽量让孩子觉得数学预习是一件轻松愉快的事情。

标注难点预习法

别惧怕新的知识，预习不等于自学，通过思考和分析发现问题才是预习的关键。对于新的知识点，不需要通过预习完全理解和掌握，只需要将预习中遇到的难点标注出来，找到下节课要听的重点，预习的目的就达到了。

这里我推荐一个简单的预习模板：一概念、一例题、一算式，即预习下节课的第一个概念、第一道例题和第一个公式。为什么在这里特别强调一个，而不是两个或以上，更不是下节课要学的全部知识点？因为数学是一门逻辑性很强的学科，它非常重视知识点之间的连贯性。预习了第一个概念，也就相对能了解第二个概念，因为下个概念通常是从上一个概念演化而来的。同样，预习了第一道例题，学会第一道题的解法，就有助于快速理解第二道题。

比如，下节课要学习面积。在预习的时候，让孩子先弄清楚面积这个词的定义，即平面图形的大小。书上的例题是问一本书封面的面积，说明在这个章节比较重要的是面积大小的计算，还有单位的换算。最后再看看，公式讲的是计算长方形的面积，面积与长和宽有关。从概念到例题，再到公式，这样对计算长方形的面积这个知识点就有了整体掌握。

温故知新预习法

这种方法也叫作知识串联预习法。新的知识点难以理解，这时我们可以做一些联想，回顾过去学过哪些和它相似的内容。当预习有难度的时候，我们就要积极回想。预习的意义在于让孩子知道下节课要学的内容是什么。温故而知新，将数学的一些知识做融合和串联。同时，如果孩子发现一些旧知识没有掌握好，还可以及时查漏补缺，进一步理解与记忆旧知识，为顺利学习新内容创造条件。

比如，小数除法这个知识点对孩子来说相对复杂，是预习的一个难点。这个时候，我会让孩子联想一下整数的除法是什么样，小数的除法就是从整数除法的基础上演绎出来的。将前后知识点串联，有助于对新知识的学习。

刚开始预习的时候，需要投入一定的时间成本，但随着预习成为一种学习习惯，孩子慢慢就会发现听课容易了，作业也不那么难了，数学学习的效率不断提升，一种良性循环就建立起来了。

有一个比喻说，预习就像坐在角落喝咖啡的少年，经常被我们忽略。但预习作为整个数学学习环节中的重要一环，就如少年的风华，起着至关重要的作用，我们一定要加倍重视它！

第四节

上课的40分钟该做什么

"上课好好听讲,成绩会提高。"

"老师上课时会讲重点。"

"老师上课时会讲教材上没有的重点知识。"

"上课时,老师会讲解重要的解题方法。"

"上课当然要听讲,要不然为什么上课?!"

"因为不知道老师会在什么时候叫你起来回答问题,所以上课要听讲。"

……

上课的40分钟该做什么?这是网上流行的解答。最后两个回答虽有一种幽默调侃的成分,但也足以反映出上课40分钟认真听讲的重要性。

回顾我的学生时代,语文老师对我的评价是:"学习虽很勤奋,但表现轻松,不是那种苦学的孩子,有很强的自控力和自信心。"的确,正是因为我上课认真听讲,课后付出的时间就相对较少。一直以来,我高效专注的学习习惯,让老师和同学觉得我整个高中阶段很轻松就学下来了。

记得我上学时,印象最深刻的是每次考完后和同学对答案,很多人都掉进了难题的陷阱中，做错了，而我很多时候都能避开这些陷阱。别的同学问我怎么这么厉害，能发现陷阱，我会说，这个地方其实老师上课提醒过的。很多时候大家都没印象了，会反驳说："老师绝对没讲过。"我就会像讲故事一样说出某天上午第几节课，老师在什么情境下提示过这个陷阱。这时候才有人说："哦，有印象。"我的成绩就是靠在课上的有效听讲，对老师每堂课的重点讲解都能留下很深印象，慢慢积累起来的。

相反，我记得当时身边的一些同学，每天都学到很晚，课间或者周末几乎不休息，不是上补习班，就是在复习，虽然很刻苦，但每次考试成绩都不太理想。我观察到他们最大的一个特点就是上课不会听课，很多时候不能跟上老师讲课的思路。他们甚至觉得，反正课后还有补习，上课听不懂也无妨。

课堂学习是在校学习的基本形式，听课效果的好坏与学习成绩的好坏有决定性关联。自从我当了数学老师后，对这个观点有了更深入的理解。为了做好每一节课的课件，我都会花很多的时间备课，很多时候为了精细打磨一堂课的内容，我还会和教研团队的老师们讨论很久。

老师在课堂上讲的 40 分钟内容，是从学科知识体系最精华的部分提炼出来的。特别是一些优秀的老师，往往还会把最精华的部分用学生最能接受的方式讲出来。因此，如果在课堂上不能认真听讲，那么基本上就等同于放弃了最高效、最经济的学习方法。

在课堂上，我观察到不能好好听课的孩子一般有两种类型：第一类，已经上课了，还迟迟进入不了听课状态；第二类，一节课还没进入下半场，已经表现出很累的神态，似乎在盼着快点下课。

上课后，如何快速进入听课状态？

首先，在课间休息的时间，不要做明显无法完成的事。比如，和同学进行比赛，比到一半就上课了；或者解一道特别复杂的题目，解到一半就上课了，还没完全从这道题的思考状态中抽离出来。这些都会影响进入听课的状态。很多学校都会有上课预备铃，在预备铃响起的时候，就该提醒自己调整好上课的状态了。

其次，听课前做好合理预习。上课时及时回顾预习内容，有助于更快进入听课状态。刚开始上课时，回顾一下预习的要点，了解这节课大致要讲的一些内容，不至于老师讲的时候，还处于一种很蒙的状态。

最后，翻书画重点、记笔记或回答问题，用这些外在形式让自己的思绪回归课堂。翻书找到老师正在讲解的知识点，将其中的一些重点画出来。如果一开始老师还没讲书上的具体内容，我们可以打开笔记本，简单记录老师讲课中的一些知识点，快速让思维锁定在今天的课堂内容上，不至于浮想联翩。如果有机会，也可以试着回答老师提出的问题，开口与老师互动，就会让自己快速进入良好的听课状态。

不管是翻书、记笔记还是画书上的重点，都是不断提醒自己参与的过程。在课堂上，如果我们把自己当成观众，把老师当成演员，把自己置身事外，就很难进入听课状态了。

如果在上课的某个时间段走神，总是期待能快点下课，该怎么办？这时候，如果强迫自己集中注意力去听课，也不是最好的方法。可以适当从老师的讲课思路中抽回注意力，浏览这节课已经讲过的知识点，重复一遍，加深印象。如果离下课时间只剩 10 分钟或者 5 分钟，可以让自己提前进入做练习题的阶段。通过解题过程还可以发现一些问题，若有知识点不明白或解题思路不清晰，等下课后可以继续追问老师，借此加深印象。

假如我们经常在上课时走神，习惯咬铅笔头、玩橡皮等，会被一些与课堂无关的东西分散注意力，可以给自己做一个简单的提示。

比如，在橡皮上贴一个小便签，写上"认真听课，不要乱动"；或者在笔记本上写上一句名人名言，提醒自己该继续听课，让自己的思绪重新回到课堂，不至于荒废听课时间。同时，尽量不要把和上课无关的东西放到课桌上。

"课堂走神1分钟，课后摸索半天功！"这句俗语提醒我们，上课的40分钟时间至关重要。

第五节

课上不敢回答问题，会不会让成绩变差

课上不敢回答问题，会不会让成绩变差？我对这个问题的解答是：不会！

日常与一些家长讨论时，很多家长都很关注孩子在课堂上的表现，他们总是问我："我家孩子今天的课堂表现积极吗？有没有认真回答老师课堂上的提问？"家长总是把孩子能否在课堂上积极回答问题或者有没有参与老师课堂提问，看成衡量孩子上课是否认真听讲、学习成绩是否优秀的重要评判标准。

不光家长有这样的认知误区，很多老师也会存在这方面的误解。其实我个人觉得，这需要从心理学以及孩子的整个成长过程进行全面评估。

比如，在小学高年级阶段，孩子的心理会发生一些微妙的变化，他们的自我意识和自尊心不断增强，有些孩子还会进入叛逆期，上课不喜欢举手回答问题。这种阶段性的变化并不能代表孩子学习成绩不好。

我从日常教学中发现，那些积极回答问题的孩子，有时可能回答得完全不正确，但他们很自豪。反而是不积极回答问题的孩子，常常可以回答得非常清晰、正确。

因此，我们不能光从上课是否回答问题去判断孩子成绩好与不好。之所以造成孩子在课堂上有这两种不同的表现，和孩子的性格

有一定的关系。阳光型、内向型和情绪型的孩子，在上课时表现出的状态是完全不一样的。

第一种，阳光型。大部分孩子都属于这种类型，他们上课的时候永远看着老师，看着黑板，回答问题的时候就举手；他们提问的时候也盯着老师看，非常迫切地希望和老师产生交流。

这种类型的孩子往往比较受老师重视，老师会觉得这类孩子一教就会，很有成就感。但我在课堂上仔细观察过这类孩子，发现他们也有一些学习习惯上的缺陷。

首先，这类孩子缺乏深入思考。老师一说完问题就举手发言，肯定会对有些问题回答不够全面，思考不够深入。面对一些比较复杂的问题，我在课堂上一般都会提醒孩子别忙着举手发言，多思考一段时间，看清题目意思，想清楚有多少种解题思路，再回答问题。

其次，这类孩子会带偏其他孩子的思路。当积极回答问题的孩子对一个问题答非所问时，他的思路会把其他同学的思路带偏，特别是一些不太自信的孩子，更容易受积极回答问题的孩子的影响。

最后，太过积极举手回答问题的孩子，会降低其他的孩子上课互动的参与度。对这一点我有切身体会。我在学生时代英语偏弱，对于英语课堂上老师的提问，我的思考时间会稍微长一点。有几次我很想参与到互动问答中，但怎么都拼不过那些举手超快的同学。久而久之，我就会觉得自己在课堂上的存在感比较弱。

为了避免出现这种情况，在课堂教学中，我会综合考虑在一堂课的时间内争取让各个层次的孩子都能参与到互动问答环节中。

第二种，内向型。上课的时候，这类孩子的视线可能在书本上，也可能在其他的地方，一般不怎么看老师，但一直在很认真地听讲。这类孩子也很少主动回答问题，被点名之后声音特别小，语速也慢，但如果能够克服紧张情绪，往往回答得比较有条理。

他们可能会被老师和同学忽略，存在感和做事的参与度比较低。如果孩子属于这种类型，家长要重视和老师的沟通，多向老师询问孩子在课堂上的情况。因为这些孩子往往回家也不愿意主动汇报自己的学习情况，家长要尽量避免孩子被老师忽略。

第三种，情绪型。这类孩子非常冲动，一表扬马上骄傲，一批评马上变得情绪非常差，整节课都不听了。下课非常喜欢搞破坏，喜欢和同学有肢体接触。情绪很高的时候，一直举手回答问题，但可能回答得全都不对。这些孩子往往在某些方面会有独到的见解，并且富有创造力。

这类孩子在学校比较容易受到老师的批评，老师和同学可能都不喜欢他们。如果孩子属于这种类型，家长也要重视和老师的沟通，让老师对他做一些比较严格的管理；根据他的优势，多鼓励他做擅长和喜欢的事，多挖掘他独到和富有创造力的一面。

总之，每种类型的孩子在注意到自己存在的问题后，都要适当提醒自己做出一些改变。比如，上课时从来不表达自己，缺少互动的机会，就应该提醒自己比别人听得更认真；上课没有进行语言互动，回家做完题后，可以对着小黑板给自己讲解一下。再比如，上课回答问题很自信，写题时要更注意细节，因为从说到写，思路上还是有差异；有些问题在口头表达时可能没注意到一些细节，在写的过程中就需要重视起来。

这几种类型的孩子各有所长，也各有所短，但无所谓哪种类型是好的，哪种类型是差的，彼此之间可以互相学习。比如，喜欢表达的孩子可以慢慢学会倾听；从来不发言的孩子可以勇敢表达自己的观点，这是一个逐渐成熟的过程。

所以，爱举手还是不爱举手回答问题，并不会给成绩好坏带来直接的影响。因为头脑到底领悟了多少知识，不是手"说了算"的。

第六节

参与学校的活动会不会影响成绩

参与学校的活动会不会影响成绩？不会！

首先，学校安排的活动，都是学校经过时间检验保留下来，且富有意义的活动。比如体育活动，是身心健康必备的活动。如果孩子为了给学习预留更多的时间，而不去参加体育活动，显然是不合适的。学习是一场马拉松，能坚持下来很重要，而这种坚持也包含体能上的坚持。

我在网上看过美国芝加哥一所中学实施的"零时体育计划"的报道。学校让孩子每天早上 7 点到校，开始做运动、跑步，开展一系列的体育运动，而且要求孩子在运动过程中的心跳达到最高值或最大摄氧量的 70%，才可以开始上课。

一开始，家长都反对这项规定，因为孩子本来就不愿早起上学，还要去操场参加体育运动，这样孩子岂不是一进教室就打瞌睡？但是调查结果显示，事实恰恰相反，孩子反而比运动之前更加清醒，而且心情愉快、上课专心，学得快、记得牢，记忆力与专注力都增强了，自信心与自尊心也都提升了。

同时，他们还做了一项实验，将学生最不喜欢、最头疼的课——数学，排在上午第二节课和下午第八节课，结果家长不可思议地发现，上午那一组的学生在经过一段时间的学习后，明显比下午那一组的成绩好。主要原因在于，早上 7 点钟的运动使神经传导物质在整个上午在大脑里都很活跃，这样更容易激发大脑的潜能，更有利于分析题目、记住解题方法。

此外，孩子在运动时会产生多巴胺、血清素和去甲肾上腺素，这些物质都和学习息息相关。多巴胺会让孩子心情愉快、精神亢奋，促进大脑的兴奋程度，有利于提高记忆力，提升孩子在课堂上的听课效率，让孩子的学习变得更轻松。运动中产生的血清素和去甲肾上腺素会提高孩子的记忆力和专注力，从而使得学习效果变好，孩子也会变得更自信。与此同时，在进行一些专项体育运动，比如篮球、足球等球类运动时，需要比较快的反应速度和决策速度，更能锻炼孩子的反应力和决策能力。

另外，学校的各种社团活动或者社会实践活动，对学习成绩的促进也有很大的帮助。回顾我的初中、高中六年生活，都是在北京市通州区潞河中学度过的。我是学生会的干部，也是学生会活动的积极组织者和参与者。学校科技艺术节的"回收太空舱"活动，我是组织者；学校里的辩论赛、朗诵比赛、英语话剧大赛等，我都拿过奖项。但这些活动并未影响到我的学习，反而对我的学习是有益的。

我在高二的时候，参加了学校组织的"回收太空舱"活动，参赛者要自制"太空舱"，保护一个鸡蛋从楼顶掉下来而不被摔碎。这是一个和物理学科联系比较紧密的活动，能促进物理知识的学以致用，更重要的是培养批判思维。

我们从书本中所学的力学知识都基于理想状态，如真空状态、没有阻力、没有能量损耗等。而在实践活动中，我们会发现理论上无懈可击的"太空舱"，实际上保护不了里面的鸡蛋；反而是一些朴实无华或稀奇古怪的创意，才能保护鸡蛋。正是这些"民间创新"获得了最后的大奖。

这种"回收太空舱"活动，非常具有实践教学价值。用实践检验真理，检验的不仅是知识本身，更是检验学生对知识是否有正确而又全面的认识。

我曾经组织过一次全校同学给贫困学校捐书的活动，这个活动带给我的社会实践教育意义是很深刻的。当我们把书送到条件不是很好的学校时，看到那里的学生学习环境非常艰苦，以及他们对于图书和知识的渴望，对我的触动很大，更加坚定了我好好珍惜自己所拥有的学习条件，加倍努力学习的信念。

我的中学班主任老师曾评价我："乐于助人，担任班干部和学生会干部，组织能力强。毕业后主动联系清华大学生命科学院，对潞河中学的学生开放实验室，带领潞河实验班学生参观了清华大学多个重点实验室和标本馆，同学们收获颇丰。"

我觉得学生不光要注重各个学科的成绩，还需要德、智、体全面发展，需要具备社交、演讲、汇报、资料整合等各种能力，毕竟未来社会的竞争是综合能力的竞争。

因此，我的教学实践比较注重活动对孩子数学学习的促进，我会有意识地让孩子去做一些调研小活动。

我曾给孩子们布置过一个调研活动：键盘的排序是怎么产生的？这类小调研涉及怎么给键盘重新布局。做调研的时候，孩子会用到统计学的概念：哪些字母使用频率高，哪些字母使用频率低；高频的字母是不是应该放在惯用的手指下面；按键多是不是可以折叠分组，用组合键；组合键又涉及数学的排列组合知识。在这个课题小调研中，孩子将一些数学知识运用得更灵活了，原本这些知识只用于解题，现在已经应用到了日常生活场景中，让孩子们加深了印象，也体会到数学的重要性。

　　这次小调研活动结束后，我问孩子们对统计学和排列组合这两个知识点的看法，他们都能说出比之前更加深刻的理解，真正做到了学以致用。

　　如何把数学理论、实际生活和创造性活动结合在一起，这对于成年人来说都是一个挑战，但孩子们做到了。还是那句话，孩子收获的不是最后的成果，而是在探索过程中的成长。

　　故而，多参加一些学校活动，在活动中接受新知识，也许就能和课堂上学到的知识相结合，促进孩子对课堂知识更好地理解。因此，家长不必为了多留时间进行课堂知识的学习，而让孩子错失了很多有意义的学校活动。

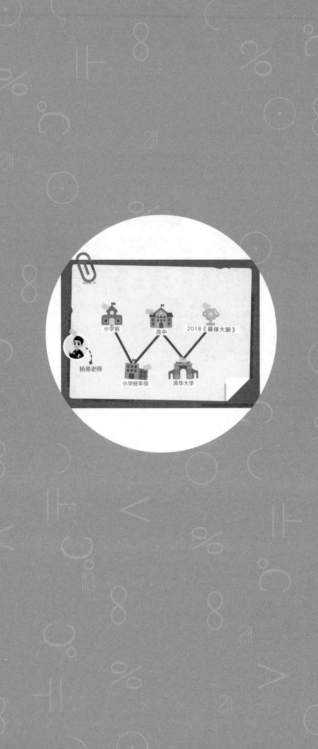

第六章

我的 W 形成长之路

第一节

人生就是一个不断变化的过程

　　我出生的时候，姥爷当时正在读《周易》，就顺带给我取名为"杨易"。"易"就是变化、变易，天下万物都是常变的。回顾我的成长之路，我把它比喻成一个"W"形。这其实也是一个动态的变化过程，有起有伏，每个阶段都给了我不同的认知和磨炼。

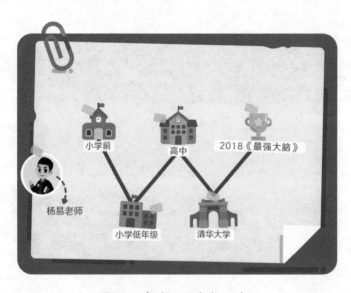

图 58　我的 W 形成长之路

自从 2018 年参加了《最强大脑》节目，并获得了 2018 年"全球脑王"的称号后，很多人都对我的学习及成长之路产生了好奇。大家都觉得我作为北京市通州区的理科状元，进入清华大学，学业道路一定一帆风顺，但其实我并不认为自己特别有天赋，求学之路也并没有大家想象得那样顺畅。

在这里，我第一次将学习及人生成长经历做一个全面真实的展现。

W 形人生的第一个高峰，在我上小学之前。虽然我家不是特别富裕，但爸爸妈妈都是大学生。那个年代的大学生并不常见，大家都觉得我的遗传基因特别棒。在上小学之前，我经常被夸奖的一句话是"这小孩看着挺聪明的"。这句话给予我很多力量，让我从小很自信。

小学二、三年级的时候，我开始进入 W 形人生的第一个低谷期，那时候我面临很多苦恼和困惑。

第一个困惑：我个子很矮。从小学到高中，我一直都是坐教室最前排的座位，这多多少少让我有些在意。特别是家里的长辈经常说："你这么矮，多吃点！"很多时候，朋友们也都会有意无意说，"你怎么不长个儿"，身高成了我不自信的一个因素。

直到上了大学，我才对身高有了点自信。因为面对来自全国各地的大学同学，我在班级里的个子总算不是特别矮了。北京中小学阶段的孩子身高都比较高，平均身高比其他地方的孩子高出 10 厘米左右。

第二个困惑：我很早就近视了。我是班上第一个戴眼镜的人。读小学一年级时，黑板上的字我就看不清楚了；二年级时我就戴上了眼镜；小学毕业时，我的眼睛差不多近视到了四五百度；高中毕业时，我的眼睛近视度数竟到了七百多度。

　　第三个困惑：我得了慢性病——小儿抽搐秽语综合征。得了这种病的孩子肌肉会无规律地抽搐，胳膊和脖子会一直抖，眼睛也会经常眨，这种病让我上课无法集中注意力，严重影响了学习成绩，差不多困扰了我五六年。

　　那个时候，大家对这种病都不怎么了解，只有北京儿科研究所能诊断这种病。医生说，要避免一切声、光、电刺激，环境安静一些对这种病有好处。因此，我小时候不看电视、不玩电脑，长大后成了一个特别懂得节制的人。同时，这种病会导致文学性思维丧失，使阅读、写作和说话都变得很困难。得病的那个时期，我的语文学习很受挫，写作文时连一句完整的话都写不出来。

　　在这里我特别感谢我的姥姥，她是语文老师，我的语文成绩是她帮助我一点点提高的。上了初中以后，我的作文经常被老师拿出来当优秀范文，老师觉得我写作的角度非常独特。

　　我读小学二年级的时候，姥姥退休了，之后她就全心陪着我学习。记得姥姥教我写作文时，会首先跟我分析写这篇作文的出发点是什么，立意是什么，在这个基础上，又该怎么去组织文章架构，怎么去描绘。这种启发式的教育，让我掌握了写作的一些基本方法。这些方法对我后来作文的提升很有帮助。在写作这件事上，姥姥认为会说不等于会写，她鼓励我多动笔，让我有意识地把日常生活中看到、听到和想到的一些事、人物和观点及时记录下来，充分锻炼我对于文字的驾驭能力。写作是一个日积月累的过程，即使是知名作家，他们的文笔和作品也是需要每天坚持写几千字甚至几万字来积累的。

　　姥姥对我写作辅导的这种启发、循循善诱的教育方式，让我对语文学习的兴趣一点点提升，最后语文成绩自然而然就提高了。

　　写作角度独特与数学思维的结合也有很大的关系。我第一次写议论文，就拿到了全班的第一个满分。老师说，给我满分是为了鼓励我，虽然不是非常完美，文笔也没有特别优美，但因为我的议论文逻辑非常严谨，满足了议论文的所有要求。现在回忆起来，那次作文满分的经历对我的激励还是挺大的，特别是从此建立了我对语文学习的信心。

我不知道是不是因为之前生病时"矫枉过正"，在十二三岁病好了以后，我的注意力非常集中，超过了常人，让我学习成绩提升很快。

得病的这段经历对我来说是一次磨难，但我也感谢这段磨难。经历磨难的过程虽然很困难，但过后我却收获了很多意想不到的成果。

第二节

清华是我人生的一大低谷

除了"全球脑王"这个标签外，北京市通州区的理科高考状元和清华大学本硕连读，这是很多人了解我的另外两个标签。

但其实我个人觉得后面两个标签并没有多大意义，甚至我把在清华大学读书的这个阶段看成是我 W 形人生的又一低谷期。

去清华大学读书，是我自己定的一个目标。原因其实很简单，我有两位叔叔都是清华大学毕业的，这让我从小就对清华校园有一种非常亲切的感情。清华的大学校园、学习氛围，包括学校的硬件和软件设施，这些我都提前感知过，所以对清华产生了无比的向往。上高中以后，尤其到了高中二年级，我想去清华大学读书的目标越来越清晰。

我很感谢我的父母，在我实现去清华大学读书这一目标的过程中，虽然他们也很关心我，但他们没有时刻提醒我要为考上清华而努力，没有把他们的焦虑情绪带给我，一直在背后默默奉献着。

在学习上，一直以来都是妈妈管我比较多，她对我的学习和生活打点得比较细，让我没有任何后顾之忧。虽然爸爸工作非常忙，不怎么管我的学习，但正因为他对工作的努力付出，让我感受到他身上有一种强烈的责任感。这种责任感或多或少给我考上清华大学这个目标带来一定的助力。

电视剧《小欢喜》里，林磊儿为了完成去世妈妈的遗愿，整个高中阶段都在为清华的梦想刻苦努力。他的清华梦实现得有点辛苦，而我在实现清华梦时并没有林磊儿那么辛苦。

为了使考上清华大学的目标更稳妥一些，我在当年先参加了清华大学的自主招生。当时自主招生还没有现在这么普及，初次参加自主招生的我，没有做好充分的准备。在笔试环节，我就受到了很大打击。记得那天爸爸开车送我去考场，他一个人在考场外面等。考到第四科的时候，我觉得题目太难，肯定考不上，觉得自己辜负了爸爸的期待，就跟他说不要等了，我想回家。结果爸爸没有直接答应或拒绝，而是开玩笑说："来都来了，多看看题也是好的，说不定大家都不会做呢。"没想到真被他说中了，我最后各科平均分为 60 分左右，却是全市排名前十分之一。我想，如果那时候我真的放弃了，也许就把考清华的理想一起放弃了。借此机会，感谢爸爸。

我特别羡慕电视剧《小欢喜》中另一位实现清华梦的高考生——黄芷陶。她在一种很轻松的学习氛围中，顺利考进了自己梦想的清华大学医学院临床医学专业。记得我高考时填报了三个志愿，医学是我的第一志愿，因为我很喜欢医生这个职业，特别想当一名儿科医生，帮助孩子解决疾病的困扰。其实儿科医生是大家不怎么"待见"的一个职业，这个职业很累，又没有很大的上升空间。我的第二志愿是经济学专业。妈妈是会计师，让我对经济学有了比较浓厚的兴趣。不过最后，我被第三志愿生命科学专业录取了。

进入清华大学后，我的学习并没有想象中那样顺畅。从正式踏进清华大学校门的那一天开始，我就感觉到自己完全没有可以自豪的"资本"：我所在的班级有一半都是来自全国各地的市级高考状元；剩下一半是保送的，他们都是在其中一门学科上非常拔尖的。

特别是在大一上基础课的时候，我明显发现自己的基础知识没有别的同学扎实。在上微积分课的时候，老师说，这些东西你们高中时都学过吧，就直接跳过了这部分内容，往后讲了。我当时蒙了，因为那时北京市学生比较少，竞争小，高中需要学习的知识也比其他省份少一些。到了清华大学后，很多学科的基础知识点只能靠自己恶补……

第一学期，因为我的学科基础和同学差距比较大，成绩一度不理想。期中、期末考试，我的数学只能考七八十分。当然，很多人认为，大学期间考及格就行了，但在清华不一样。同学们觉得你怎么考这么差，是不是遇到困难了。然后很多同学来关心我，想要帮助我，问我是不是心态上遇到了问题，还是对大学生活不习惯。

正如我在前面的章节中分析过的，自信心的丧失可能是我成绩持续下滑的开始。不过幸运的是，我在社团和社工方面表现比较突出，这让我在清华校园中重新找到了自己的优势，挽回了自信心。比如，那时候参加辩论赛或者艺术节时，我都能从高中时的经验中找到窍门。此外，在组织活动和拉赞助方面，我也比较有经验。

在高中的时候，我个子比较小，体育成绩常年垫底。但到了大学，我发现自己的体育成绩竟然在上游。因为相比较而言，北京的中学对体育十分重视，各方面的基本素质都需要在会考中达标。我虽然体质不强，但是在毅力上从不示弱。

后来我又被推荐保送了本院的研究生，前后在清华园度过了七年。虽然整个过程从未让我觉得学习很轻松，但是我的人生轨迹从大一"触底"以后，又慢慢反弹了起来。

第三节

参加《最强大脑》让我重回高点

从清华大学毕业后，我选择做一名数学老师，工作不到半年后，很幸运地参加了第五季《最强大脑》。

《最强大脑》是我喜欢看的为数不多的电视节目之一，我连续看了四季。每次看这个节目我都觉得很神奇，很多参赛选手的现场表现让我叹为观止。但那时我还不敢有参赛的想法。

《最强大脑》进入第五季时，节目改版，个人可以参赛了，我就与身边的两位朋友一起报名参加了。我们都很顺利地进入了最后的正式比赛，但其中一位朋友因为工作太忙，放弃了最后的机会，稍微有点遗憾。

因为需要一边工作一边参赛，两边都要做到平衡，我当时压力还挺大的。节目都是在周末录制的，我上课的时间也基本在周末，为了能两者兼顾，我有时不得不靠夜班火车转场。好在后来我的课以在线直播为主，有时可以在节目录制现场旁边的酒店直播。

有资格进入《最强大脑》的正式比赛后，我给自己设定了一个预期目标：锁定 15 ～ 30 名。比赛总是有意外，也有惊喜，和我一起参赛的朋友在抢夺 30 强排位时，因为一点小失误，被拦在了 30 强以外。与他相比，我比较幸运，在一轮又一轮比赛中，我有惊无险地一次次晋级了。这其中有我发挥失误，最后挽回胜利的紧张时刻，也有因对方失误而我被保送晋级的意外之喜。

在最后阶段的比赛中，对于所有参赛选手来说，每场比赛的心理压力都特别大。在这种情况下，我给自己制定了一个参赛原则——"稳"。从我的个性来说，这种比赛非常不适合我。因为我不是答题最快的那个，抢答题很多时候我都抢不上，与别人比速度肯定比不过。这时，多年学习数学的经验告诉我，回答正确才是最重要的。比赛的意外太多了，回答正确能最大程度保证赢的概率。

越到后面的比赛，越考验心态。一些参赛选手的心理变化还是很大的，患得患失的心理作用会比较强。一种是想赢的急迫心理，一种是担心会输的沮丧心理，无论陷入哪一种心理，都可能导致比赛中发挥不挂。

好在我一直是抱着一种来"玩"的娱乐精神在参与节目，或者说我只是想借此机会挑战自己，没有将得失看得特别重，精神上相对会放松一些。记得有一次，在一个比赛环节中，我已经连续错了4次，如果错到第5次，我就会被淘汰。在答第5次时，我在心里说，我还没玩够呢，可不能错。结果还真过关了。

回想我的参赛经历，数学是我的决胜因素。为什么？一方面，因为我是数学老师，只要把和数学有关的项目给我，我就可以确保找到思路，继而有高水平的发挥。另一方面，我觉得最重要的是数学带给我的理性思考以及严谨思维，让我每次答题都很认真、谨慎，不放过任何一次反杀对手的机会，无谓的失误相对会少一些。

看过我在《最强大脑》节目现场答题的观众，评价我是一个拥有强大解题能力的人，思维体系是立体的，能够从非常多的维度先去确认一件事的正确性，再给出结论。我可能不会有那种最快答题的镜头感，但一定能够非常稳地往前迈进。这种评价还是比较中肯的。

在《最强大脑》节目中获胜后，我的生活没什么特别大的改变，但对于我作为小学数学老师的工作还是有很大影响的。

去参加节目之前，对于数学教学方面的一些设想，我不敢去做更多的尝试。我觉得自己年轻没经验，不能把自己不经验证的方法教给学生，毕竟我的教学水平可以不断提高，但学生成长的关键期是不能重来的。但参加了《最强大脑》后，在比赛过程中，我在头脑中对于数学思维的认识进行了重新整合，并做了部分实践验证，确信我对于数学的理解以及数学思维体系的应用都是可取的，之后我就开始把我摸索出来的方式、方法在教学中做更多的实际尝试和推广。

特别是在"2018 年全球脑王"这样的身份加持下，我在教学中使用了一些前人不常用的方法，也被同行和家长认同。家长对我很是信任，他们把孩子交给我后，愿意给我时间，让我去做新的探索。如果我现在还是一名普通的新东方数学老师，我的新教学方式探索了一个月或者两个月后没什么效果，家长可能就不会买账了。但现在家长给了我一个非常宽松的环境，让我一边实践、一边探索，能够给予新的教学方式更多的时间和支持。

还有一个正面的反馈：家长听了我的教学概念后，对未来比较有信心，就会回家和孩子认真执行。我要求孩子做题的数量以及练习的方式，家长和孩子都会执行得比较彻底。这带来的结果是，在我的教学范围之内，孩子掌握的数学知识非常扎实。

我所做的新的教学方式，已经从部分学生和家长中收到了正面反馈，有很多之前对数学不感兴趣的孩子，对数学的学习兴趣和信心变得越来越足。我很幸运能够在一个非常好的教学环境中，将属于我的数学教学成果体系一点点建立起来，未来期望能有更好的发展。

第四节

为什么选择做一名小学数学老师

　　为什么选择做数学老师？这是我被问得最多的一个问题，毕竟我不是师范类专业毕业的，学的是生命科学专业，这个专业与数学之间并没有直接的关联，在常人看来，我更应该去做一些与科研相关的工作。

　　其实我在上学期间对科研是有好感的。但我硕士期间的科研项目进展得不太顺利，也没有找到特别心仪的课题。可能是出于敬畏之心，平时一向细心的我，一进实验室就有点儿不知所措，经常一不小心就把数十天的研究成果搞砸了。这让我怀疑自己可能不适合做这份工作。与此同时，我在兼职做一些家教的零散工作时，受到了不少好评。这一冷一热的反馈，让我对教育产生了最初的兴趣。

　　我喜欢分享，也很喜欢孩子，这两大性格特点是我能成为老师的天然"基因"；同时我也很喜欢数学，成为数学老师是顺理成章的。

　　当了数学老师后，工作给予我的成就感很强，这种成就感大多数来自孩子。当孩子把学习成果分享给我的时候，我会特别开心。这种开心远远超越了别人夸我课讲得好，或者给我升职加薪。

　　在《最强大脑》的节目现场，当主持人问我为什么选择做一名小学数学老师的时候，我说，回顾我的成长过程，真正数学思维的培养是在小学阶段，我如果当一名小学老师的话，可能会帮助更多孩子成长。

随着实践教学经验的慢慢积累，我发现，我作为数学老师对孩子成长的帮助正在一点点展现。有的孩子听完我的课，成绩立刻就提升了；也有孩子听了一段时间之后，感觉自己真的喜欢上了数学，学习动力越来越强。

记得我曾经辅导过一位女孩，她的妈妈希望她能在小学三年级的数学期末考试中考出好成绩，想让我帮忙"把把脉"。

整个辅导过程只花了上、下午各 2 个小时，但最终的效果十分显著。上课之前，我简单了解了她的数学学习情况，看了她做过的所有试题，针对她的情况做了一些总结，制订了一个具体的教学方案。她属于数学学得还不错的孩子，基本功比较扎实，但缺少的是对于考试核心题目的理解，说白了是技巧还不够，所以之前考试过程中常常有失误。

我在这两节课的设计中，主要帮她解决一些知识性的问题，把她日常做题时暴露的一些问题进行了讲解，然后又分享了一些解题的技巧，最后还总结了几条适合她自己训练的思维方法。作为一名老师，我不想只教知识或只教解题技巧，还是希望能多教给她一些数学思维，毕竟小学三年级的学生懂得一些数学思维比多懂一些解题技巧更重要。

三年级期末考试中，这位女孩数学考了 90 多分，比起期中考试的 70 多分提升了很多。当看到自己的教学方案有了实际成果时，这种成就感带来的喜悦是很强的。女孩进入小学高年级学习后，她的妈妈告诉我，我教给她的方法，孩子一直都在使用，数学学习效果一直都保持着稳定的发挥，对数学学习的信心和兴趣也在日渐增强。

我平时会在网上和大家做一些关于数学学习的互动讨论，有些粉丝会给我留言。他们表示，如果自己读小学的时候能有像我这样的老师指导，可能他们对数学的兴趣不会到高三才被激发出来。这个时候，我会有一种选择做小学数学老师这个职业的自豪感。

因为《最强大脑》这个节目，我被身边越来越多的人熟知。除了正常的教学任务外，还有一些家长会托身边的朋友来找我给孩子上数学补习课。很多家长都希望我可以做一对一的辅导，但我一般会建议临时组个班，最好能有两三个小伙伴一起学，主要还是想给孩子建立一种比较轻松愉悦的数学学习氛围。

一对一的辅导班虽然对孩子的指导可以非常细致，但没有上课的仪式感和同学的陪伴，孩子有时不能进入角色，也不容易形成很好的师生关系。而且一对一的教学方式，有时甚至会让初次见面的学生感到害怕或尴尬。这时，如果有一两个小伙伴加入，会好很多，并且小伙伴之间还可以相互促进。

我辅导过三个小伙伴组成的数学补习班。这三个孩子代表了三种不同的类型，即过分自信型、不自信型和学霸型。

其中一个女孩属于典型的过分自信型，她的一个特点是阅读量大，课外学过的知识多，是三个一起学习的小伙伴里课外知识最多的。经常我上课时说到一个知识点，她会说这个知识点听过，很自信。她的感觉是任何一道题都会做，但她的错误率在三个小伙伴中也是最高的。如果她考最后一名，我一点都不感到意外。

怎么纠正她在学习中的这个问题？我开始在课堂上进行有意识的引导。我会经常善意地打击她，每次她说会的时候，我就让她来讲解题目。当她讲到一半的时候，就会发现自己的思维存在一些漏洞，之前的方法不够完善。假如她把一道题解错了，我也不直接指出来，而是让她先讲解题思路。当她讲到一半的时候，如果她自己没有主动发现问题，我再指出来，说哪里不合理。通过这种方法，她能经常地意识到自己的错误在哪儿。

经过一段时间的辅导培训，我慢慢让她感觉到谦虚很重要，有很多东西需要慢慢学习。她从盲目自信慢慢变得谦虚了。对于有些数学知识点，在我让她再看看，或者问她有没有更好的方法时，她会马上思考，不会像以前那样自我感觉很好。她的思维变得更全面、成熟了，在做题的时候也比之前更细致了。

这位女孩的数学考试成绩虽然一直不错，却很少能在班级拔尖。她慢慢意识到不拔尖的原因是她过于自信，很多时候低估了题目的难度，感觉自己的解题方法很全面，但实际上并没有那么好。

在对这位女孩的辅导实践中，我发现好的老师，特别是小学老师，重要的不在于让孩子的学习成绩提升多少，而是让孩子从自身的特点出发，对自己的学习情况建立一种正确的认知和评估。

第二位女孩属于不自信的一类。她一直以来没有专门补习过，属于基础知识学得少、做题比较慢的学生。讲到一些新的知识点时，我会不断鼓励她，让她说出自己的想法。

"这个地方，你有什么想法？"我每次这么主动问她的时候，她一开始不自信，觉得自己数学不如别人好，不太敢说出自己的想法。但当我不断提示后，她就愿意表达了，也慢慢觉得自己思考的方法还不错。她对数学的学习信心，就这么一步步建立起来了。

第三位是男孩，属于学霸型的。考虑到他需要学更多的东西，我会有意识给他增加一些额外的知识。每当这个男孩很快解出一道题的时候，我就会继续进行启发：如果这道题稍微变化一下，会有怎样的不同，又该怎么来解答这道题目？虽然我不鼓励学生脱离年龄特点进行深挖式学习，但真的遇到基础过硬的学生，老师如果不去培养，真是太可惜了。

　　因为我不是正经科班出身的老师，所以我对于教育的认知和理解与别的老师有些不同。如果一个班有三个学生，有人会觉得对三个学生要一视同仁，讲的知识点应该一样，让每个学生都听明白就可以了。这种做法看似公平，其实并不公平。因为每个人的基础不一样，学习能力弱一点的孩子要听懂这些知识点就会花很长时间；但学习能力强的孩子，会觉得这些知识点太简单了，即便听懂也会觉得自己的收获很小。

　　针对不同类型的孩子，进行个性化的教学方式探索，这是我最近一直在尝试做的研究。我会把日常教学中的教案做一些记录汇总，同时把这些案例也分享给其他老师。

　　期待某一天，属于我的"杨氏数学教学方法"能成为一种模式化教学体系，并且能对孩子的数学学习产生更大的帮助！